U0117961

食语四季

藏在季节更迭中的人间至味

黄丹丽○著

中国书籍出版社
China Book Press

图书在版编目（CIP）数据

食语四季：藏在季节更迭中的人间至味 / 黄丹丽著
.—北京：中国书籍出版社，2023.9
ISBN 978-7-5068-9592-7

Ⅰ.①食… Ⅱ.①黄… Ⅲ.①食谱—中国 Ⅳ.①TS972.182

中国国家版本馆CIP数据核字（2023）第181844号

食语四季：藏在季节更迭中的人间至味

黄丹丽　著

责任编辑　王　淼
责任印制　孙马飞　马　芝
封面设计　中尚图
出版发行　中国书籍出版社
地　　址　北京市丰台区三路居路 97 号（邮编：100073）
电　　话　（010）52257143（总编室）（010）52257140（发行部）
电子邮箱　eo@chinabp.com.cn
经　　销　全国新华书店
印　　刷　炫彩（天津）印刷有限责任公司
开　　本　880 毫米 × 1230 毫米　1/32
字　　数　310千字
印　　张　12
版　　次　2023 年 9 月第 1 版
印　　次　2023 年 9 月第 1 次印刷
书　　号　ISBN 978-7-5068-9592-7
定　　价　78.00 元

我与四季三两事

连着下了几天的春雨才刚放晴，倏忽便湿热起来。

岭南的气候年年如此，春寒料峭的时候不多，春暖花开的日子早早到来。

我刚做完“春分”主题的节气视频。那一日，春光和煦，轻风怡人，满山的宫粉紫荆花绚烂盛开，美不胜收。

片子刚剪完，恰好收到责编的信息，将二十四节气与传统节日的图文结集成书的选题通过了。我翻开日历一看，惊喜地发现，去年的这一天，我的第一段节气视频正好发布，而主题恰好就是《春分》。

这一场四季的轮回如此便完整了。

而我与节气文化的缘分，其实远不止这一年。若追溯最初的相遇是何时，答案或许藏在儿时母亲时常念唱的二十四节气歌里。

春雨惊春清谷天，夏满芒夏暑相连，秋处露秋寒霜降，冬雪雪冬小大寒。

为生计奔波的年月，除了几个传统佳节外，自然是没有多余的物质与精力为节气张罗些许风俗仪式，但母亲仍会在每一个撕下日

历、发现节气已至的片刻，自然而然地唱出这口诀似的节气歌。

从我第一次听到这首歌谣开始，或许就注定了未来的某一日，我会用自己的方式，纪录那短短二十八个字总结而成的四季时光。

三年前，我们搬进了现在居住的这套房子，与凤凰山为邻。

屋旁有一棵巨大的无患子树，墙外的小山坡上就是成片不经雕琢的原始森林。

先生在靠山一侧为我布置了一间玻璃顶的阳光书房，取名“无房”。

抬头见天，满目生机，融于自然，无所束缚。

无案牍之劳形，无俗尘之纷扰，无名利之烦心。

闲暇时我们在此烹茶、谈天、看书、赏树。

晴天对坐圈椅上，日光透过玻璃的屋顶洒将下来，窗外的种种草木都能成为我们探讨的话题，偶尔还会因此聊出许多传说与故事。或许是内容太过生动，时常会有路过的野猫儿驻足倾听，听累了便在围墙边的树叶堆里睡一场漫长的午觉。

雨天伏案夕阳下，静听雨滴落在时光中的回响，记下几笔关于流年的琐碎。小炭炉扬起的阵阵轻烟究竟融化了多少婉转的情思，或许连它自己都数不清了。

无患子春日萌发出嫩嫩的芽叶，到夏季便长成一片绿荫为我们遮阳。

秋天它会结出满树棕色的小果子，掉落时滴滴答答地打在玻璃顶上，像一首总也没有写完的旋律。

自 序

我与四季三两事

冬天一到，枝头的黄叶随北风纷纷扬扬地落下，屋外每天都翻飞着金黄色的叶雨，清脆的声响连绵不断。而那了无牵挂的枝丫便自由自在地伸展在冬季透蓝的天空里，又被厚玻璃框成一幅幅印象派油画。

生怕辜负墙外这一片山林的盎然，我们在院子里栽了竹子与绣球花，种了芒果树，与之遥相呼应，聊表仰慕之情。又养了一池锦鲤，给两条可爱的小狗筑了木屋，添了无数生机。

翠竹常青，绣球总开满渐变色的花团，锦鲤养得熟稔，有时候还会游到水面来任你亲昵地轻抚。天晴的日子里，小狗们总在屋外酣睡，偶尔睡得太舒服了，不知做了什么梦，一蹬脚便从睡垫上翻身滚下，自己吓了一跳，引来一阵哄笑。

芒果树在住进来的第一年便送了我一份大礼，初夏时结了满树的果实。每日晨起我总迫不及待地拎着小竹篮到树底下捡果子，有时候一篮子不够装，还得多运两趟。整整一个夏日，家中飘满了芒果独特的清香，好友们也尝到了我用果子制成的各色软糖、棒棒糖、蛋糕与饮品。

也便是从这时起，热衷下厨的我开始将山居所见融入日常的饮食里。

寻常的牛奶布丁，用蝶豆花调出蓝色，用巧克力粉和出棕色，层层叠加凝固后搭配可食用的小叶子，做出了蓝天白云下一片绿意融融的小山坡的图样。

捡来一朵落花，便模仿它的样子捏成中式酥饼、包出花朵饺子，再用墨鱼汁或黑芝麻糊画几根枝丫，满树的花朵便剪影在了餐盘中。

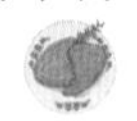

叶子形状的点心、果实造型的象形酥、鲤鱼样式的年糕、白云模样的烤鸡蛋……

大自然给我带来了无边的想象和灵感，也激发了我探索的动力与潜能。

短短一年之中，我做了近四百道菜肴，其中大部分是自己“瞎折腾”出来的原创作品。而在这个过程中，每逢节气与传统节日，我便会查阅书籍、研习旧俗，张罗出属于那一日的一席家宴，以传达我对于四时更迭中大自然一切馈赠的感恩。

去年一开年，陆续收到不少朋友发给我的信息，他们不约而同地希望我趁着一年伊始，将平日朋友圈里的美食、好景与心得整理出来，分享给更多的人。

其中一位朋友的心绪令我触动极深。

因为一些变故，她对生活失去了希望，总是躲在家里不愿与外界接触。因着时常翻阅我朋友圈的内容，慢慢地她也开始对美食美景和传统风俗产生了兴趣，赶上节气，总好奇我会发布什么内容，偶尔也会走出家门觅食，甚至自己下厨。

她跟我说，你的分享让我觉得世界还是挺温暖、挺美好的。

就这样，在种种机缘与鼓励之下，“丹语食节”视频号及公众号诞生了。以美食作为媒介，以视频及推文的方式分享与时令、节气有关的食俗、传统、手作和故事。

起初，只将二十四节气作为主要内容，慢慢地又把几个重要的传统佳节纳入选题。

自序
我与四季三两事

因为从未有过拍摄视频的经验，我在整个过程中边学边练，翻车不少，收获良多。

从搜集资料、做好每一期的主题策划，编写文案、剧本、分镜，到挑选菜品、采买道具、现场制作等，都由我自己承担，几名专业摄影师根据我的剧本和现场要求拍摄剪辑成短片，并输出相关图片配合我书写的文字进行同步分享。

视频及推文上线之后，得到了不少朋友的关注和支持，这给了我们莫大的鼓舞，渐渐投入了更多的时间和心思——制作旧时道具、研习非遗手艺，甚至在呈现古代传统习俗的过程中还兴师动众地搭建场地、延请汉服演员等。

为了将传统文化日常化，我们并没有以天文学上精确到时分秒的交界作为节气定点，而是将节气到来的那一天作为固定分享的日期。并在一些古老文化或饮食传统中加入地域特征和时代特点，使其更具有操作性和家常参考价值。

深藏在时光中的家乡记忆也在创作的过程中一点点被唤醒。

宗祠文化代代相传的潮汕地区至今仍保留着的传统习俗、饮食文化、祭祀风俗等，母亲从前教授过我的手工技艺、传统食谱，讲与我听过的传奇故事等，又为我提供了大量的素材和灵感。就这样，一次次出品在打磨与甄选中慢慢完整了，一个“喜欢节气文化的潮汕女娘”也在一年的时间内用近三百道与时节相关的菜品、数十篇应节推文，慢慢让更多的人参与到节气文化的分享之中。

十分敬仰的一位师长留下肯定的评语——“优雅精致，文锦画妍”“何曾烟火，天上人间”，着实过誉了，不胜惶恐，更给了我努

力的目标、澎湃的力量。

今年开始新一轮节气视频的制作时，先生提议将一整年的完整图文结集成册，以我最熟悉也最热爱的纸质书形式分享给大家。于是便有了此时我在深夜灯下长篇累牍的这番讲述，记录着上一轮四季更迭中发生的种种琐碎，并将二十四个节气的代表性菜谱整理归纳，与君共享。

一番回顾，心中充盈着满满的感恩。

感恩所有读者、观众对于我们每一期作品的肯定与支持，才学有限，仍有许多不足不妥之处，恳请谅解海涵、批评指正。

感恩所有为“丹语食节”平台及本书出版付出艰辛努力的工作人员，这是我们共同走过的四季，在光影之中，在字里行间，纸短情长，铭记心田。

感谢我远在天上的母亲给我留下的难忘回忆，是她在我童年的记忆中播下了种子，才有了今日长出的一棵小小树苗。

感谢我的丈夫陈利浩先生对我的支持、鼓励和包容。作为摄影家协会会员，他是拍摄工作的技术指导；作为“国图”藏书的作者，他是每篇推文的第一读者和“责编”；此外还有试吃员、男主、手替、剧务、司机等角色，不一而足；他独创的“无房”更是最重要的灵感源泉与创作空间。

而最后的这份感谢，要致予大自然。临山而居，幸而得以近水楼台地感知四时变化，大自然在我的一切创作上予取予求，慷慨无私，而在这数百天的近距离接触中，我与大自然之间也仿佛多了一份无以言说、不足与外人道的亲密和默契。

人生如寄，幸而在烟火中同行，共享四时光景，一食一味。

翻开这本书的一刻，无论此时的你怀着怎样的心情，无论此刻晴雨还是昼夜，请借予我些许静心的时刻，读一读四时更迭中发生的小事，看一看时节交替时天色的变化、花的开落、果实的生长、草木的青黄，在文字与影像中给予彼此一段相伴的时光，开启一段穿梭四季的旅程吧。

目录

第一卷 青阳

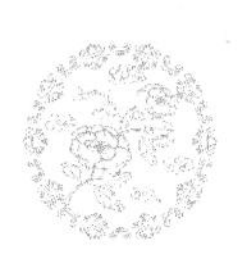

第二卷 槐序

第三卷 白藏

第四卷 北陆

最是一年春好处，绝胜烟柳满皇都

第一卷

青阳

《立春古律》

宋·朱淑真

停杯不饮待春来，
和气先春动六街。
生菜乍挑宜卷饼，
罗幡旋剪称联钗。
休论残腊千重恨，
管入新年百事谐。
从此对花并对景，
尽拘风月入诗怀。

立春，二十四节气中的第一个节气。

“立”是“开始”的意思，古籍《群芳谱》有载：立，始建也。春气始而建立也。

自秦代以来，我国一直以立春作为春季之始、四时之首。从立春日到立夏前这段时间便被称为“春天”。

古人将立春分为三候：

一候东风解冻。

东风送暖，大地解冻，万物欣欣向荣。

二候蛰虫始振。

冬藏之虫逐渐被惊醒，蠢蠢欲动。

三候鱼陟负冰。

“陟”是“升”的意思，鱼儿因水底气暖，感知阳气而上升，由于此时节水面上还有没完全融化的碎冰片，如同鱼负着冰浮在水面。

一年之计在于春，四季自此开始新的轮回。

立春自古就是一个重大的日子，《礼祀·月令》有载，周朝时天子要亲率三公九卿到东郊迎春，举行祭祀春神句芒的仪式，祈求风调雨顺。

民间还有许多有趣的迎春习俗。

贵州石阡至今仍保留着“说春”的风俗。“春官”按照旧俗于立春前挨家挨户报春，颂唱迎春的吉词，并送上一张“春牛图”——印有一年二十四个节气日期与水牛耕地的传统红纸印画，意在提醒人们及时农耕、莫误春光。

以农耕为主要生产方式的地区依旧传承着立春“打春”的传统习俗。

立春前一日用泥土塑成春牛，立春之日用红绿颜色的鞭子抽打泥牛，意为鞭策老牛下地耕田，祈福五谷丰登。

女子戴“春胜”结伴“春游”；制作春盘、春饼“咬春”；将春

旗挂在树梢或用缯绢剪成小幡簪于女子头上的“挂春幡”仪式等，以喜庆热闹的方式迎接春天的到来。

四野绿参差

草木总是最先感知到四季的流转。

这时节到田野里走走，便能真切地感受到春意盎然。那早发的新芽、舒展的嫩叶、含苞的花蕊，都在传达着同一个消息：春天，回来了。迎面而来的风里，因为夹带着一缕阳光，扑在脸上暖融融的。行走在田埂上，泥土的气息带着温润潮湿的亲切感。放眼远望，绿意参差，层层渲染，像浅浅的浪，直涌到田边人家的瓦屋前，融化在房顶袅袅的炊烟里。

忽然想起故乡，故人的身影从心上轻轻飘过。春日里也有这样一片绿油油的田垄，那是我童年时最重要的快乐源泉。

有一日放学归家，母亲兴高采烈地跟我说，香蕉林中间空出来两分地，可以拿来种菜。潮汕的农田里除了水稻之外，种植最广泛的便是香蕉树，少数闲置的田地会用来种菜。记不得是什么缘由，总之自那一日起，我每天最大的念想便是最后一节课的下课钟声能快些敲响，好让我以最快的速度飞奔回家，和母亲一同到菜园子里浇水施肥。我至今仍记得那个灰黑色的厚塑胶桶子，被年岁压歪了身子，被时光锈蚀了提手，却能装很多的水，每回到水沟旁打好一桶，便足够浇完一整排的芥蓝苗。隔着这么多年的光景，我仍是忘不了母亲种出来的芥蓝那粗壮的菜梗与厚实的叶片。包菜每到收成

时总能引来邻居艳羡的赞叹，荷兰豆粉紫色的花朵还时常出现在梦里。只是炊烟里的叫唤声早已不可闻了。

若不是菜蔬的清香通过嗅觉打断了我的思潮，想来我会在田埂上呆立很久。赶忙下田，拔了白萝卜、水果胡萝卜，摘了芹菜、生菜、油麦菜，又剪了一把嫩嫩的春韭。初长成的菜叶子捧在手里，是一种婴儿肌肤般柔嫩的触感，迎着阳光可以穿过剔透的叶片看清它的每一根脉络。

正享受着采摘的乐趣，农户家的小猫忽而跑到了我身旁。我不过是轻轻揉了一下它的小脑袋，它竟躺倒在我的裙摆里，要我给它抓肚子。这可爱的小家伙怎能如此天真待我，没有一点戒心？转念一想，也许，是因为它感知到我与它一样，都有着一段在菜园子里撒欢的童年吧。

提着满满一篮子菜满载而归时，巧遇在水边肆意饱餐的水牛。

看着不大的年纪，一对晶莹的大眼睛格外喜人。央着农户让我将它护送回棚子里，他当真将绳子交到了我手中。那牛儿出奇的听话，又或许是少有像我这样不断与它谈天的“话痨”，它竟乖乖地被我牵着走了一路。离得近，它身上熟悉的泥土气息隐隐勾勒出儿时上学的那条小路，路远处有一架牛棚，长相严肃、身材魁梧的阿伯总爱在我们上学时出来放牛，每每经过壮硕高大的水牛旁，总是心惊胆战，那浓烈的味道也常使人鼻子发痒。

而此时此地，我转头望着身后这任劳任怨的小水牛，透过它清澈的眼神，似乎看到了远远时光里，一片片丰收的农田。便将满心的惦念与祈愿，悄悄藏入“立春”二字，挂于树梢上，赠予这段不可多得的春光。

咬得生意满

园子里摘得的各色菜蔬正适合用来“咬春”。

春日春盘细生菜，忽忆两京梅发时。盘出高门行白玉，菜传纤手送青丝。

将初春的新鲜蔬菜作“春盘”，搭配蒸熟或烙好的薄饼制作成“春饼”“春卷”食用，便是立春传统习俗“咬春”，既为强身，又有迎接新春的意味。

春盘始于晋代，初名“五辛盘”。取春天长成的辛味蔬菜，如大葱、香芹、韭黄、香菜、青蒜等，搭配蘸酱食用，可解春乏，抖擞精神。

“咬春”必不可少的便是萝卜，因萝卜味辣，取古人“咬得草根断，则百事可做”之意，那时再穷的人家，也要在立春之日买个萝卜给孩子咬咬春。

将白萝卜与鲜蔬分别切丝、汆烫，肉丝炒出酱香，蛋饼切成细条，荤素相配的菜肴，可使口味更为丰富。将各色菜蔬榨出汁液，调成斑斓的颜色，一一加入面粉中，揉面、擀制、上锅蒸熟，制成五彩春饼。

何处春来，试烦君向盘中看。

趁热撕开薄如蝉翼的饼皮，餐桌上忽然便多了几分春日里的姹紫嫣红。加入各色配菜，裹起后用嫩春韭扎好收口，满园春意便被装进一个个祈愿吉祥的福袋里了。再用烙好的春饼包上配菜，春到人间一卷之，无边春色蔓延口中，万里春光自此开启。

源于晋朝，兴于唐朝的古老风俗，至今依旧是春日里不可或缺的美好仪式。

“不时不食”是人们与时节之间的默契，时令菜是贯穿四季的念想，更是对大自然的敬意。

最是春好时

听闻此时节北地梅香依旧，春寒料峭。而岭南的春日，除了偶尔几日倒春寒，总是晴空万里，春光明媚。无论冷暖阴晴，这盼了太久的春天终究久别重逢了。

经历了一整个冬天的蓄藏，初春的大地仿佛刚从一场朦胧的梦

中醒来，阳和起蛰、品物皆春、万物复苏、鸟语花香、耕耘播种、生机勃勃。新的开始总是让人充满了期待与惊喜，忍不住开始遥想，今天刚长出的新芽，到了夏日便要开花了吧？已经开垦的农田马上便要插秧，到了秋深之时便结满稻穗了吧？

大自然把一切可能性藏在春天里，让人们自由选择开启四季的方式，并在往后的每一个季节里，一一揭晓答案。

林舒曼蒂在《喜欢》里这样写道：春风迎面吹来的时候，我就站在你身后，就好像，春天正在把你推向我。

那便在这温柔的春风里，拥抱这美好的春光吧。

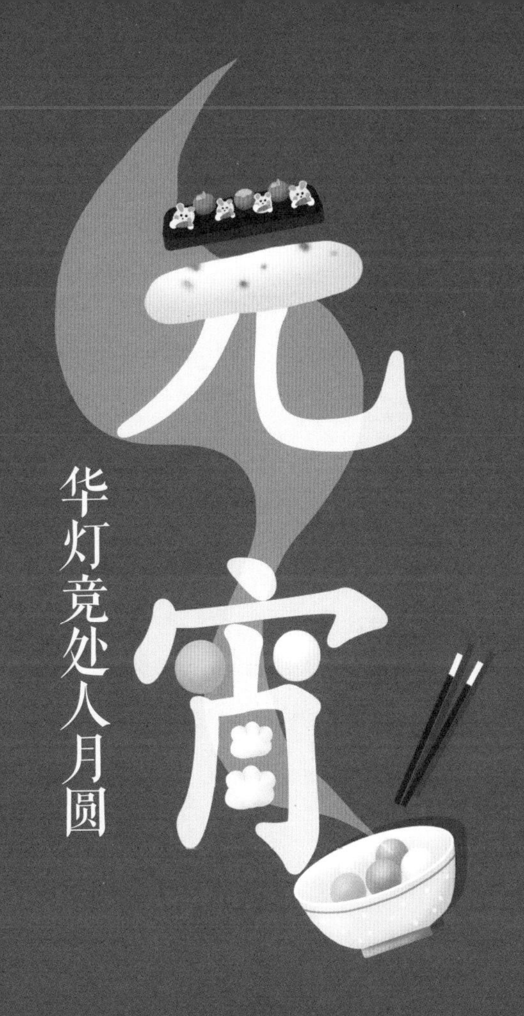

《正月十五夜》

唐·苏味道

火树银花合，
星桥铁锁开。
暗尘随马去，
明月逐人来。
游伎皆秾李，
行歌尽落梅。
金吾不禁夜，
玉漏莫相催。

元宵同月圆

正月十五元宵节，一年中的第一次月圆。

民间在这一日要制作甜糯圆满的元宵，也便是汤圆，庆祝团圆，传达喜悦。

吃元宵的记载最早见于宋代，当时称元宵为“浮圆子”“圆子”“乳糖元子”“糖元”等，到了明朝，人们开始使用“元宵”“汤圆”的名称。明朝文人刘若愚所著的《酌中志》记录了古时汤圆的做法：用糯米细面，内用核桃仁、白糖、玫瑰为馅，洒水滚成，如核桃大，即江南所称汤圆也。年月虽远，但做法与如今所差不多，可见真正的美食是经得起时间的考验的。

为了迎接阔别三载来之不易的团圆，自然要将汤圆的样式做得考究些，才好邀明月入席，契阔谈讌。糯米粉和面，包入花生芝麻馅心，塑成玉兔与吉果形状，祈愿癸卯兔年大吉大利、事事如意。

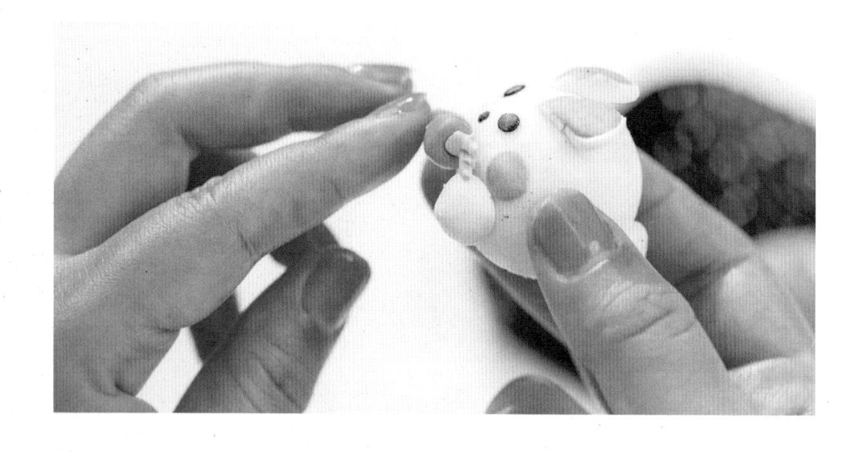

宋人周必大在《元宵煮浮圆子前辈似未尝赋此坐间成四韵》写道：今夕知何夕，团圆事事同。天上圆月投射到人间碗中，圆满的形状总是令人感到欣慰和美好。

源于宋朝的美食，用千年的传承告知后人，对于团圆的期盼，一如既往。

灯市如昼明

终夕天街鼓吹不绝。都民士女，罗绮如云，盖无夕不然也。至五夜，则京尹乘小提轿，诸舞队次第簇拥前后，连亘十余里，锦绣填委，箫鼓振作，耳目不暇给。

每每读到宋代周密所著的《武林旧事》中的这段描述，总忍不住遥想千年前的元宵之夜，是何等热闹繁华。

灯，是元宵节当之无愧的主角。

早在汉代，元月十五便已受到厚待。汉武帝敬畏神仙，非常重视祭祀太乙——天神中的最尊贵者。正月十五这一日，日落时开始，通宵达旦用一城灯火祭祀，张灯结彩的习俗由此而来。到了东汉，汉明帝刘庄是佛教徒，下旨每年正月十五在宫殿与寺院中燃灯，以表敬拜，这一日便逐渐成为民俗节日，而燃灯也演变为民间的赏灯活动。自佛教大兴的唐代起，赏灯逐渐升华为盛况空前的元宵灯会，元宵也因此多了“灯节”之名。

东风夜放花千树，更吹落、星如雨。宝马雕车香满路。凤箫声动，玉壶光转，一夜鱼龙舞。

辛弃疾这首耳熟能详的《青玉案·元夕》中所描绘的场景，是我们对于古时元宵节花灯盛景的想象来源。大街上彩灯高悬、璀璨如昼、比肩接踵、歌舞升平。鼓乐声、叫卖声与谈笑声将这月圆第一宵烘托得热闹非凡。也难怪生活在唐朝的崔液会写下谁家见月能闲坐，何处闻灯不看来的名句，想来崔公子必定也是热衷赏灯之人。

明清时期，皇室亦十分喜爱元宵佳节的热闹氛围，碍于无法到民间赏玩，甚至将市井的元宵活动“搬”到宫中，“演出”一场闹市元宵灯会。

时移世易，许多传统风俗渐渐被人们遗忘，但对于元宵节赏花灯的热爱，却亘古不变。

满城共良宵

金吾不禁夜，玉漏莫相催。

在封建礼数森严的古代，元宵节是一个自由的节日。

唐朝时，都城长安在元宵节前后的三天里取消宵禁，是为“放夜”。到了宋朝，灯节由三夜延长至五夜，还会燃放焰火，更有各种丰富多彩的表演在佳节呈现。《东京梦华录》中有载：正月十五日元宵，大内前自岁前冬至后，开封府绞缚山棚，立木正对宣德楼，游人已集御街，两廊下奇术异能，歌舞百戏，鳞鳞相切，乐声嘈杂十余里。

穿过历史的帘幕，我们可以从古老的描述中窥见当时的热闹非凡。瞧那市集中的杂耍演员，一把宝剑舞得行云流水、洒脱自如。快看花车上的舞姬，翩若惊鸿，婉若游龙，身姿婀娜，国色天香。趁着佳节热卖，集市上的商贩挖空心思张罗了不少好物件，沿街随处可买得零嘴、鲜花、小物什，更有投壶、射箭等游戏供游人玩耍。

宋代时，元宵节加入了“猜灯谜”这一趣味丰富的活动。灯谜又称“文虎”，将隐语写在纸条上，张贴或悬挂于彩灯上供游人推猜，奇趣热闹，颇受人们喜爱。

在这难得的佳节时光里，人们或通宵达旦的饮宴赏灯，或三五成群结伴游玩，或月上柳梢头，人约黄昏后。

别忘了，元宵节可还是咱们中国的情人节呢。众里寻他千百度，蓦然回首，那人却在灯火阑珊处。才子佳人金风玉露一相逢，造就了不少佳话。

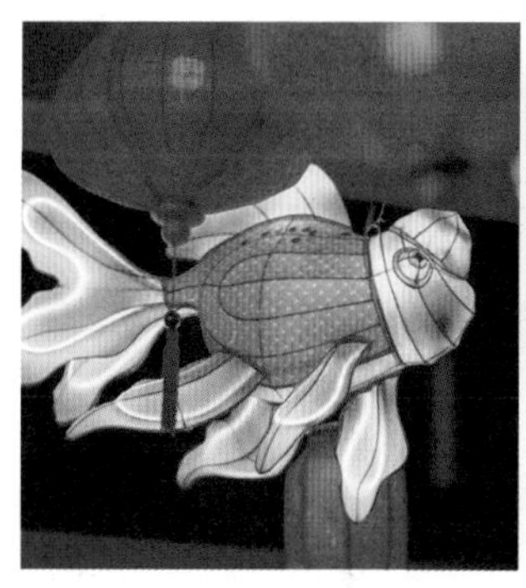
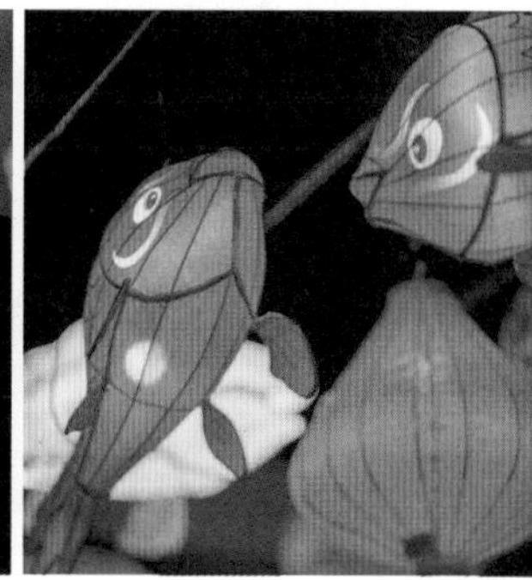
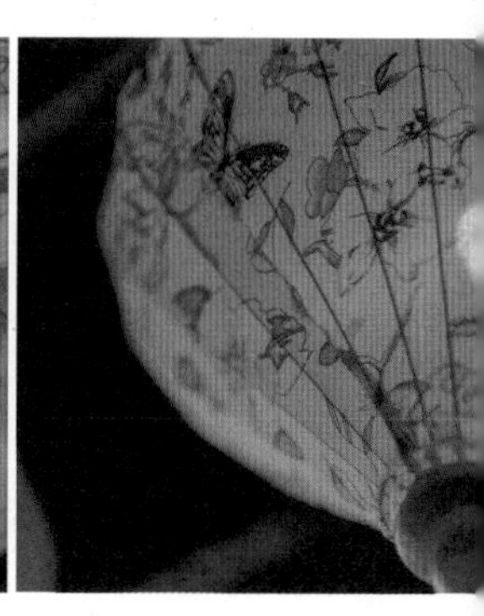

华灯竞处，人月圆时。

一轮明月照见古今，火树银花灿烂千年。

合上古书，旧时佳节的灯火还在眼前不停闪烁。古往今来向往光明的初心，祈盼团圆的愿望，追求浪漫的悸动，都在元宵这一日被满城烟火点亮。

吃下一碗汤圆，快出门赏灯去吧。

祝各位灯月依旧，良人长久。花好月圆，所求如愿。

注：为了从视觉上还原古代元宵灯会的氛围，我们搭建灯市、租用外景、制作道具、延请演员，以期激发诸位对传统文化的共鸣。

雨水

云化灵泽润大地

《早春呈水部张十八员外·其一》

唐·韩愈

天街小雨润如酥，草色遥看近却无。
最是一年春好处，绝胜烟柳满皇都。

雨水，一年中的第二个节气。

与谷雨、小雪、大雪一样，雨水也是反映降水的节气。此时节，气温回暖、雨水增多，万物萌动、春色漫漫。

《月令七十二候集解》有载：正月中，天一生水。春始属木，然生木者必水也，故立春后继之雨水。且东风既解冻，则散而为雨水矣。

古人将雨水分为三候：

一候獭祭鱼。

春江水暖，鱼儿竞出，水獭欣然捕鱼，并将鱼获摆在岸边作祭后食之状，颇有仪式感。

二候鸿雁北。

春日晴空高远，据传雨水后五日，大雁开始从南方飞回北方。

三候草木萌动。

雨水使万物得以新生，草木随地底升腾的阳气抽发嫩芽。

春天的雨是浪漫多情的。沾衣欲湿、润物无声，为大地平添一层朦胧的新绿，让万物邂逅一次懵懂的心动。氤氲的水汽中，湿润的青山孕育着生机，清浅的河流蓄藏着养分。正所谓“春雨贵如油”，大江南北都在为这一场期盼已久的春雨欢欣鼓舞。

此时节对于农耕十分重要，雨后的田地中可见农人忙碌的身影，耕地、挖渠，为春耕做好准备，盼丰收早日到来。

大约是因为连绵的春雨带来了希望与喜悦，又或许是雨后越发

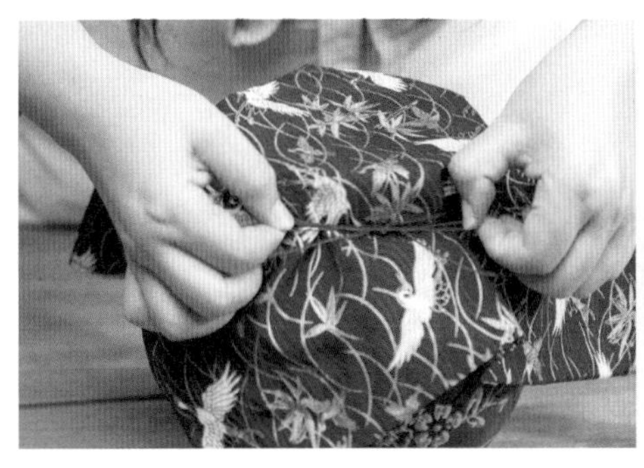

明净的天地处处洋溢着生机与诗意，人们在雨水这一节气里充分发挥自己的想象力，融合各地不同的风土人情，衍生出趣味丰富的民俗活动。

父母为子女“拉保保”[①]认干爹积福；女婿为岳父母送节“接寿”[②]；出嫁的女儿带上节礼“回娘家”；农民用爆谷“占稻色”[③]等。

---

① 拉保保：一般指拉干爹。是四川省的一种传统民俗文化，寄托了劳动人民一种祛邪、避灾、祈福的美好愿望。

② 接寿：在我国有些地区，雨水这天女婿、女儿要去给岳父岳母送节。送礼的礼品通常是一丈二尺长的红棉带，是为“接寿”，意思是希望岳父岳母“寿缘”长，长命百岁。送节的另外一个典型礼品就是“罐罐肉”，即用砂锅炖了猪脚和雪山大豆、海带，再用红纸、红绳封了罐口，恭敬地给岳父岳母送去。这是对辛辛苦苦将女儿养育成人的岳父岳母表示感谢和敬意。若是新婚女婿送节，岳父岳母还要回赠雨伞，让女婿出门奔波，能遮风挡雨，也有祝愿女婿人生旅途顺利平安的意思。

③ 占稻色：流行于华南稻作地区的习俗，就是在雨水这天通过爆炒糯谷米花来占卜这年稻谷的成色。因为“花”与“发”发音相近，所以占稻色也蕴含着家庭今年丰收的美好愿望。

处处充满了生趣与热闹，也使得雨水这一节气多了气候特征以外的人情风味。

好雨知童心

南方的雨是如丝若线的，悄无声息地滋润着早春的田野，在水面上留下波痕点点。有时甚至听不到什么雨声，但往窗外望去，总能见一片氤氲的帘幕轻轻笼在天空中。

别看这雨绵绵如针，若有似无，它不消多时便能将溪水灌满，顺带着将岸边的草色收入水波的倒影里，凝成一汪碧绿。

香蕉树宽大的叶片上盛满了晶莹的雨珠，偶尔一阵轻风，珠子微微滚动几下，总也不肯从叶子上落下。茼蒿开出的花朵在雨水的轻抚下散发着独特的幽香；松动的泥土里隐隐可见小甲虫酣睡的身影。

属于春日的静谧美好沿着小溪两岸延伸着，不知边际。直到远处的小学堂里传来一阵下课铃声，直到铃声消散时渐行渐近的脚步声笑闹声传来，这田野里的宁静，便被彻底打破了。奔跑中一个冲撞，香蕉树叶上的雨珠哗啦啦地落了一地，不知谁随手撸了一大把茼蒿花，空气中瞬间弥漫着菊香般的清冽芬芳。七八双小脚争先恐后地越过田埂，跳进了清可见底的小溪里，瞬间晕开了一片泥色。而片刻过后，流动的溪水与稚嫩的小脚，又都恢复了纯净。

那是新雨过后的春日傍晚，也是无数个嬉水晚归的欢乐时刻之一。地点是村里头的香蕉林深处，一条至今在回忆中奔流不息的清澈小溪。

最早发现这里的是我。某个和母亲一起给菜园子浇水的黄昏，大约是上游下了雨，溪水欢快流淌的声音将我引到这里。只见溪两岸的香蕉树高大茂盛，硕果累累，溪旁开满了黄色的茼蒿花，高低错落，芳香宜人。

我在溪岸边的石头上坐下，把一双光脚泡在浅浅的溪水里。刚好漫过脚脖子的水流冰冰凉，晚风中让人禁不住打了个冷战，可还是呆坐在岸边，久久不肯离开。

后来，我把这个所在分享给小伙伴，小伙伴又找来更多小朋友，这里便成了我们放学之后与大自然亲密接触的秘密基地。泼水、玩闹、摘野花装饰头发、断断续续唱着一首首歌谣……那笑闹声一直留在岁月深处的美好记忆中，从未消散。

很多年后才知道，所谓的小溪其实是农民伯伯挖出来灌溉农田的水渠，在春耕中起着非常重要的作用。如今家乡的田地早已没了水稻与香蕉林，无处求证那时顽皮的我们可有给耕种造成破坏。

成年后的我一直很喜欢下雨天，尤其喜欢春天的连绵细雨，大抵便是这一段童年往事给我留下的惦念。

竹香随雨润

今年雨水节气前后，岭南的春寒仿佛并不浓烈。温暖湿润的空气中，似乎总隐隐传来破土的声响。于是，心里一直惦念着到竹林里看看，去找寻“雨后春笋”。

儿时，爷爷在通往祠堂的土路上种了几丛竹子，认不得是什么品种，只知道巨大的竹根像个大磨盘，任凭那竹子长得多么高大，不论一年四季如何风吹雨打，始终稳稳立在篱笆旁。村里正月里举行游神仪式，添了丁的房亲[①]需要扛标旗[②]，便会去爷爷那里砍两根竹子用。那竹子十分粗壮，砍下一根要两人才能扛得动。

还记得爷爷在竹丛旁边种了一棵葫芦树，树藤绕着大竹树蜿蜒生长，真能结出很大个的葫芦来。晒干了绑根麻绳挂在屋檐下，总使人想起武侠片里行走江湖的侠客，他们人手一个葫芦酒壶，里头装满了家国情怀，风花雪月。

后来村里环境整改，那几丛高大的竹子不知怎么就被砍掉了，从此再也见不到春雨过后地里冒出来的小竹尖，更没有春光中迎风摇曳的竹影了。

爷爷很年轻时便失聪了，无声的世界令他的脾气变得暴躁，说话也响遏行云、声色俱厉。因此我与爷爷并不算亲近，甚至有些惧怕他。但隔了这么多年，却总记得那年在竹子旁，他摘了一个还没长好的小葫芦给我玩，我当作宝贝似的捂在手心里，直捂到发烫。

一夜春雨过后，林子里的翠竹洗净了纤尘，散发着淡淡的清香。走在春日的竹林里，清风拂面，鸟鸣不绝，烟雨色渐渐散去，只有

---

① 房亲：指家族近支宗亲。

② 扛标旗：扛标旗活动一搬是在潮汕地区每年正月营老爷或祭祖等传统民俗活动中文艺巡游队伍其中的一支队伍。由两人或一人扛一面长方形的旗子，旗子的两面采用潮汕独有的潮绣，一般都是绣一些美好的祝福话语和图案。寓意祈求风调雨顺、国泰民安，祝福未来生活。

满眼的苍绿。虽然四季常青，但春天的竹子似乎更为坚韧，更富毅力。竹萌破土，竹叶抽芽，竹节攀高，充满了向上的力量、盎然的生机。

一丛丛高大的竹子在空中相逢、交错，形成一扇扇天然的拱门，倒映在溪水中，仿佛某个充满神秘感的洞穴。好想拥有一叶扁舟，能顺着水流到竹林最深处去看看，不知那里会不会也留下过玉娇龙与李慕白翩然的踪迹。

本想寻找新笋的身影，倒是被这满林苍翠的竹子缠住了目光。剪下几枝竹叶，又将一根新雨未干的翠竹砍下、分段，带回家中，用来制作一道雨水节气的美食。

竹香隐隐中，仿佛有一片春色被装进了我的竹篓里。

当春乃知味

春日里的美味少不了一个“鲜”字。

而雨水时节最为亲密的搭档，自然要数春笋。清爽鲜嫩、脆甜鲜美，尝过才知春滋味。将五花肉煸香，加入香菇、腊肠、胡萝卜、青豆、玉米爆炒，春笋的登场恰逢其时，翻炒调味后与泡好的香米混合均匀，填入清洗干净的竹节里，用箬竹叶覆盖绑紧。

果木燃起的热气烘干了空气中的潮湿，架上蒸锅，慢火蒸熟。揭开箬竹叶，春日竹林的清香暖烘烘的扑面而来，岭南的竹子与江南的春笋倾盖如故，用动人的美味，书写迷人的相遇。

潮汕人对于春笋的爱意都包含在一枚笋粿里。肉末与虾仁，为

焯了水的笋丝添了肉腴的鲜美。用揉好的粿皮包裹，上锅蒸熟。淋上一勺蒜头油。一口咬开柔软的粿皮，鲜甜多汁的馅料满嘴洋溢，满心欢喜。

再添一道春季里江南人家餐桌上必不可少的油焖笋。

浓油赤酱、咸鲜香甜、不负春意。

还有一些传统习俗与美食有关。

雨水是唯一一个“回娘家”的节气，川渝地区出嫁的女儿要在这天回家探望父母，呈上美味的“罐罐肉”感念亲恩。传统的罐罐肉是以猪手、白芸豆为主料炖煮而成。今日便用潮汕卤水的方式制作一坛子罐罐肉，遥念父母之恩，祈愿安康顺遂。

用爆谷“占稻色”这一雨水习俗，已有八百多年的历史。元代娄元礼《田家五行》中便有记载：雨水节，烧干镬，以糯稻爆之，谓之孛罗花，占稻色。现代的爆米花就是古时爆谷的近亲，古人用爆谷占卜一年稻谷的收成，瞧我这锅里爆出来的米花，今年一定五谷丰登、收获满满。

春色满桌时，想来林子里的翠竹也正在雨水的滋润下悄然生长着。它们将在流光中长成夏日里避暑的屏障，制成竹笛悠远了秋日的夜晚，为皑皑白雪的冬日留一抹苍翠的希望。

我们也和竹子一道，在这滋养万物、萌发生机的春雨里，努力生长吧。

花神图

花朝

百花生辰春满园

《咏花朝》

清·蔡云

百花生日是良辰，
未到花朝一半春。
万紫千红披锦绣，
尚劳点缀贺花神。

佳节亦良辰

农历二月，仲春。人间春意满园，春色正酣，百花盛放，姹紫嫣红。

春天的美，朦胧而温柔，浓淡总相宜，带给人们无穷的遐想、无边的憧憬。拂面而来的微风仿如罗衣轻扫，鼻间萦绕的花香定是鬟间芬芳。杏花满头是飞来私语，月下梅蕊似烛影红妆。

总在向往与天地相通的古人，将此时节的景致与美人、仙女联想在了一起，演变出一个浪漫唯美的节日——花朝节，又名花神节，亦即百花生日。因时代、地域的不同，花朝节的日期也不一样，有二月初二、二月十二、二月十五、二月二十五等。但均是在农历二月，春色正好时。

花神影翩跹

这个节日的主角是掌管人间花卉的花神。

关于花神的民间传说不胜枚举，《淮南子·天文训》中记载的花神是女夷，书中写道：女夷鼓歌，以司天和，以长百谷禽兽草木。女夷天姿妍丽，清雅脱俗，潜心修炼为神后，主司百花荣枯。在时光的流传中，花神成了道教女仙魏夫人的弟子，一位以种花为业的女子，仙逝后做了专司百花的女神。再后来，又出现了“百花仙子”“百花女神”等统领人间花木的仙女。

此外，民间又为农历十二个月的时令花对应上了代表人物，诞生了十二花神的说法。十二花神有男花神、女花神之分，男花神多以文人为主，以其诗词中出现的花卉为标准。如一月兰花，花神屈原，他将兰花视为“花中君子”，赞兰花“幽而有芳”，且常身佩兰花，故而得名。以梅为妻、以鹤为子的林逋，一句疏影横斜水清浅，暗香浮动月黄昏流芳百世，获封二月梅花花神当之无愧。此外，还有写出《桃花赋》的三月桃花花神皮日休；千古名篇《爱莲说》的作者七月莲花花神周敦颐等。

女花神则多是娇妃、美人：

一月梅花花神是唐玄宗那位善作“惊鸿舞”的梅妃江采苹。她自幼癖爱梅花，所居之处遍植梅树。梅妃才貌双全，高雅娴静，盛宠不娇，失宠不馁，如梅花般傲雪而立、凌寒绽放。

二月杏花花神是集三千宠爱于一身的四大美女之一杨玉环。“羞花”的传说里，立于花丛中的贵妃美貌绝伦，令百花自惭形秽，故得其名。梅花落尽杏花开，杏花娇羞妖娆，仿如玉环新宠，少女含情。

三月桃花花神是元顺帝喻云此天桃女也之淑姬戈小娥，相传其肤白透红，指若葱芽，出浴仿若桃花含露，展臂之态竟比桃花娇美，故称之为“赛桃夫人”。

四月牡丹花神是西汉武帝所幸宫人丽娟，传说其美若天仙，吐气如兰，曾于芝兰殿旁歌《回风》之曲，庭中树花为之翻落，是谓“曲庭飞花”。

五月石榴花神公孙氏是唐代最杰出的舞蹈家之一，以舞《剑器》而闻名于世，据说草圣张旭的狂草就是从她的剑舞中获得的灵感。

榴花开时，似火如霞，正如公孙氏舞姿热烈美好。

六月莲花花神是号称“沉鱼”的四大美女之首西施。水边浣纱的西子仿若莲花出浴，鱼儿被其美貌震惊，忘记游动而沉入水底。西施其人，亦有如莲花般坚贞高雅，冰清孤傲。

七月玉簪花花神李夫人是汉武帝后期最宠爱的女子，北方有佳人，绝世而独立。一顾倾人城，再顾倾人国赞美的便是她。传说李夫人头戴玉簪清丽脱俗，无意间玉簪落地生出玉簪花，此花正如李

夫人一般，雪魄冰姿，媚俗不侵。落簪之举引得众人效仿，一时长安玉贵。

八月桂花花神绿珠，形容娇美，笛声出众，慕名者众多。西晋巨富石崇以明珠十斛换得绿珠，极尽宠爱。石崇落难后，绿珠感念宠爱坠楼明志。因其如桂花般崇高忠贞，后人以桂花之散落比喻绿珠坠楼之凄美，故封其八月花神，掌管桂花。

九月菊花花神是宋朝抗金名将韩世忠之妻梁红玉，其过人胆略

为后世称道，品格仿若菊花般傲霜挺立，于乱世之中凌寒不凋。平定叛乱后，梁红玉获封安国夫人，却因不满高宗作为，甘愿随夫君归隐杭州西湖，气节风骨令后世赞叹。

十月芙蓉花神貂蝉，其坎坷传奇的故事早已耳熟能详。相传貂蝉于后花园拜月时，月中嫦娥自觉美貌逊色而躲在云后，故称貂蝉为“闭月”。后为表虔诚，貂蝉拜月均以芙蓉遮面，芙蓉拒霜而开，美艳高洁，美人躲身芙蓉丛中若隐若现，般般入画。

十一月山茶花花神王昭君，出塞时奏起的离别之曲，令南飞的大雁听得入迷，忘记挥动翅膀而跌落，故有“落雁”之称。相传昭君远嫁匈奴时携山茶花出塞，山茶迎寒盛放，坚毅脱俗，与昭君为国千里和亲的崇高美德一样令人敬佩，因此后世以山茶花喻昭君，尊其为十一月花神，掌管山茶花。

十二月水仙花神甄宓，魏文帝曹丕之妻，美艳夺目，文才出众，常身着绿裙青带，以水仙为饰，立于水仙花丛中。纤尘不染，姿态高雅的甄宓宛若“凌波仙子”般温婉动人，故被尊为水仙花神。

美人如花，花如美人，在史书中，在传奇里，在人们美好的想象中。因着这么多传奇的女子，有了这么多动人的故事，花朝节自古以来便受到民间的喜爱。

与春共游乐

据史学家推考，花朝节至迟在唐代即已形成，常见唐代诗文史籍中有关于花朝节的记载，太宗、武皇、穆宗，个个都是“花痴”；

民间还有传说，太宗在花朝节这天曾亲自于御花园中主持过“挑菜御宴”。嗜花成癖的武则天在执政期间，每逢花朝节，总要令宫女采集百花，和米一起捣碎，蒸制成花糕，赏赐给群臣。人们纷纷效仿，便形成了花朝节“食花糕”的习俗。

人人爱花的宋朝对花朝节的热情更盛，男女童叟纷纷参与，更有纷繁多样、丰富多彩的习俗活动在这一日举行。人们投身春日盛景中，踏青、赏花、雅集、种花、挑菜、扑蝶等，在百花的生辰日，尽情享受与春天的约会。

祭花神

花朝这一日，人们会到花神庙里或于花树下为花神设神位，以鲜花、糕点等供奉祭拜花神，以表敬意，祈福四季如春。

做花糕

用鲜花与白米捣碎后制成糕点，上锅蒸熟，便是花朝节的传统食物“花糕”。花香馥郁，稻香芬芳，滋味悠长。

游春扑蝶

花朝前后百花争艳，春光正好，文人雅士、闺中女子结伴春游、赏花扑蝶。宋朝时，还有热闹的“扑蝶会”。

赏红

闺中女郎于花朝节赏春时剪五色彩缯绑于花枝上，据传可使花木茂盛。

簪花

女子们剪彩帛为花或制绒花相赠，插之鬓髻，以应花朝节庆。

花糕宴饮

人们在花朝节共享花糕，相聚宴饮，行占花令、饮百花酒，共享春光。

鼓乐起舞

春色怡人，雅兴即生，赏花之余，高吟唱和，善乐者鼓乐，善舞者起舞，庆贺花朝，热闹非凡。

欢聚嬉戏

女子们相聚花朝节，共赏春色，嬉闹玩耍，生趣盎然，自得其乐。

诗画行令

赏春之时，常备应景画作相互评点，或行切题之令以应佳节。

赏灯夜游

花朝之夜，各处常有庙会，人们提灯夜游，或将“花神灯”悬于枝梢，灯火花树相映成趣。

匆匆一场花事，忙忙一季春景，人们把对于春天的热爱都融入花朝节这一日。

*花朝月夜动春心，谁忍相思不相见。*古时，人们喜欢将“花朝”和“月夕”联系在一起，并称为“花朝月夕”。两个节日相得益彰，又各具风情。一为仲春之日，百花争艳，最宜游赏；一处清秋之中，对月当歌，诗酒畅谈。一春一秋两个佳节遥想辉映，让柴米油盐的生活有了诗酒花月的期待。

不知为何，时代的演变中，花朝节渐渐被湮没遗忘，人们只知

中秋而不再见旧时花朝盛景。近年，不少地方开始恢复花朝节的庆典和相关风俗活动。这么美好的节日，理应得到人们的熟悉和喜爱。

但愿花神有灵，保佑人间四时花开，风调雨顺。

注：为重现花朝盛景，我们浓墨重彩地“绘制”了花神下凡游园的春日长卷，以期唤回对传统佳节美俗的珍视。

轻雷隐隐蛰虫出

《惊蛰》

唐·刘长卿

陌上杨柳方竞春，
塘中鲫鲋早成荫。
忽闻天公霹雳声，
禽兽虫豸倒乾坤。

惊蛰，蛰虫苏醒的节气。

之前曾被称为“启蛰”，因避讳汉景帝名字中的“启”字，改用意思相近的“惊”字，沿用至今。

《月令七十二候集解》有云：万物出乎震，震为雷，故曰惊蛰，是蛰虫惊而出走矣。

一声轻雷，大地抖擞了精神，生灵铆足了冲劲。在土地中蛰伏了一整个冬天的小伙伴们从酣甜的梦中醒来，开启了新的旅程、新的遇见。

古人将惊蛰分为三候：

一候桃始华。

山桃此时次第开放，满山春色，如霞似锦。

二候鸧鹒鸣。

鸧鹒指的是被视为天气回暖预告者的黄鹂鸟，此时节气温回升，黄鹂鸟在开满鲜花的枝头上欢快鸣唱，啼叫声仿若美妙的歌声。莺歌燕舞，春意正盛。

三候鹰化为鸠。

仲春时节，老鹰已不多见，但鸠突然多了起来，于是人们认为是鹰变成了鸠。

万物启蛰的节气，冬眠中的蛇虫鼠蚁也应雷声而起，四处觅食，因此古人在惊蛰当日会点清香、艾草等烟熏室内，以驱散害虫及霉运。

惊蛰之日，民间有“祭白虎”的习俗：用纸绘制身带黑斑纹的白老虎，口角画一对獠牙，以肥猪血喂之，白虎吃饱后不再出口伤人，再以生猪肉抹在白虎嘴上，油水充满虎口，它便不能张口说人是非了。

此外，粤港澳地区在这天还有“打小人”的习俗，妇人们一边用木屐拍打纸画的公仔，一边念着打小人的咒语，借此驱邪消灾。

充满戏剧性的风俗画面，充满了惊蛰独有的仪式感，也传达了人们对于自然规律、时节变化的尊重。

暖春花正繁

时常感叹岭南季节景致不够分明，但冬无严寒、四时如春的气候，也带给人们无穷的生机、无尽的活力。

恰逢春盛，莺飞草长，陌上初熏，姹紫嫣红。

万象更新、万物复苏的时节，盛放的百花为大地披上彩色的纱衣，一阵春风拂面，十里花香袭人。

总要到花田里去看看，寻一寻被雷声惊动的小昆虫，抚一抚被春光打上光晕的鲜花。

已经许多年没有骑着车在田野里漫游了。车筐里载满自花农处买来的各色鲜花，沿着崎岖蜿蜒的小路缓缓而行。花在我身旁，我在花中央，我见春花多妩媚，愿春花见我亦如是。满山的小菊花在春日的清晨舒展着柔韧的花瓣，鲜亮的色彩不由得让人怀疑春风对它格外偏心，挑了几抹艳色，为它整了妆容。开得灿烂的炮仗花从花架上轻轻垂下一枝，仿佛张开了手臂，在迎接不时而至的暖阳，不期而遇的旅人。

黄花风铃木是每年春天的信使，它开了，春便到了。只见湛蓝的天空下，嫩黄色的身影层层叠叠，虽花团锦簇而不失清雅脱俗，风过处婀娜多姿，仿如轻云，总生怕它要随风飘去。身处其中，不由得哼唱起儿时常常挂在嘴边的歌谣：一路走呀一路唱，顺手摘些野菊编花环，我提着湿漉漉的裙角，洒落满径的歌声回家……

春日的温柔美好，我在这几亩花田中，体会得淋漓尽致。

惊起旧时趣

时花已满山开得喧闹，水田也早就蓄势待发。

惊蛰前后雨水丰沛、空气湿暖，农人常常把此时节视为春耕开始的日子。

新雨过后，尚未插秧的田地里，到处可见生机勃勃的身影。你瞧那刚从洞里爬出来的小螃蟹轻快的小身影，一看就是刚被春意唤醒，欢脱得很。这种顽皮的淡水小螃蟹爱吃河里的微生物、紫泥以及小贝壳，也喜欢用螯足钳断稻叶吸取液汁。趁着农耕还未开始，赶紧把它们捉走，以免日后农民伯伯们的小秧苗被它们偷吃了。

我与惊蛰的故事，其实也与螃蟹有关。

儿时，一日晨起，母亲让我撕日历，并看看上面写了什么。老皇历上画着生趣的图案，配有两枚大字，一看便是个特别的日子。我翻开日历，随口答道：写着“惊蟹”。惊蟹是什么蟹呀？老皇历撕下时的“嘶啦”声，淹没在了母亲爽朗的笑声中。

自此以后，每到惊蛰，我总要被嘲笑一遍，或许也正因此，我与惊蛰的关系似乎比别的节气更近些。

今日便来做一道螃蟹形状的小点，以美食纪念这一趣味往事。

蒸好的麻薯揉至拉丝，肉松、沙拉酱与烤熟的咸蛋黄融合成馅料。黄油与面粉揉成酥皮，分别包入麻薯与馅料，收口后用木模印出螃蟹造型。刷上蛋液，高温烘烤。一刻钟过后，一只只外皮酥脆、内馅丰富的“螃蟹”便热腾腾出炉了，色泽金黄，香飘四邻。

轻轻咬上一口，咸甜融合的口味里，仿佛也多了一丝旧时光的味道。

桃梨应时香

吃梨是惊蛰的重要食俗。

此时节乍暖还寒，容易口干舌燥、外感咳嗽。吃梨可以助益脾气，令五脏平和，以增强体质抵御病菌的侵袭。苏北及山西一带有“惊蛰吃了梨，一年都精神”的民谚。也有一说“梨”与“离”谐音，惊蛰吃梨也寄托了虫害远离、收成满满的美好祈愿，因此农户家在惊蛰这一天要齐心协力，合家吃梨。

梨子的做法众多，今日选了两样略带创意的做法。

雪梨洗净，去皮去核切块，将梨肉、梨皮、泡发的银耳、金橘、红枣、冰糖一同加水炖煮。汤汁黏稠时起锅过滤，梨汁再次煮沸后加入白凉粉搅拌溶解，倒入模具中，放一颗潮汕金橘，加入可食用花叶，冷藏凝固。脱模后点缀上果蒂，一枚晶莹剔透，清甜爽滑的水晶梨子为惊蛰节气添了几分俏皮。

再添一道桃花啤梨。

常见的炖啤梨用的都是西式的红、白葡萄酒。今日灵机一动，想做一道带有中式风味的炖啤梨。正巧惊蛰时节桃花渐盛，倩影灼灼，便取一盏桃花酿，加入冰糖、香草荚、干桃花，调成酒汤，慢炖啤梨。隐隐炖煮声中，花香飘了满屋，仿佛十里桃花在家中盛放。桃花酿淡淡的粉色给啤梨的香腮扫了一层胭脂，起锅时再用桃花碎点染一抹春色。佳酿醉了新梨，梨香醺红花瓣，中西结合的美味，带给传统节气别样的浪漫。

惊蛰还有吃煎饼的食俗，潮汕的糖葱薄饼是时候闪亮登场了。始创于明代万历年间的糖葱制法，是潮汕人独特的制糖手艺。

土灶将一定比例的糖水熬成糖浆，熬好的糖浆连锅一起放入装满冷水的大盆上，轻轻旋转糖锅，在离心力的作用下糖浆向周围蔓延，既可降温，又可挤压出糖浆中的气泡。糖浆稍微冷却凝固时，就到了最考验功夫的“拉白”步骤。制糖师傅将糖团抱起，挂在墙

上的钩子上，用糖棍将糖团拉长。长至三四米后重叠再拉扯，糖团内因充满空气进而形成细管状。趁着糖的热度反复拉扯二十余次后，金黄色的糖因逐渐冷却慢慢变成白色，糖葱便制成了。

新鲜制作好的糖葱很脆，须用烧热的刀切小段。热刀口碰到糖葱时，切口处的糖会自动溶解，避免糖葱被切碎。

古老方法制成的糖块色如葱白、中多通孔，形似葱孔并排粘连，故名“糖葱”。“葱”与“聪”谐音，在潮汕地区，糖葱有聪明、聪慧的寓意。在惊蛰时节食用，亦是应景非常。

煎好的薄饼摊开，放入糖葱，撒上糖丝与芝麻椰蓉，加一根灵魂香菜，包裹后享用。饼皮微咸筋道、糖葱甜蜜松脆、香菜气味浓烈，咬上一大口，童年的一切美好记忆纷至沓来。

烹一盏梨香茉莉，在隐隐暖烟中，细品时令的滋味，感受涌动的生机。

春雷响，万物长。

生命的每一次蛰伏，都是为了更好的迸发。

愿所有的美好与春天一同启程，欣欣向荣，蓬勃生长。

《春分》

唐·刘长卿

日月阳阴两均天，
玄鸟不辞桃花寒。
从来今日竖鸡子，
川上良人放纸鸢。

春分，春天的第四个节气。

一个“分”字将春均半，传统上以立春至立夏为春季，春分正值春季三个月的中间，因此古时又称春分为“日中”“日夜分”。

《月令七十二候集解》有云：二月中，分者半也，此当九十日之半，故谓之分。《春秋繁露》亦有载：春分者，阴阳相半也，故昼夜均而寒暑平。

二十四节气中的“二分二至”是反映太阳直射点回归运动的，在农耕文明中尤为重要，早在先秦时期，“二分二至”四个节气就已经在各地流传。西方世界划分四季便以此为据，即春分为春之始。乌兹别克斯坦、土耳其、阿富汗、伊朗等国，更是将春分作为新年，延续了三千多年。

一千多年前，二十四节气传入日本，部分节气被列入日本的法定祝日，春分至今仍是日本的公共假日。

中国古代将春分分为三候：

一候元鸟至。

元鸟，燕也，春分而来，秋分而去。此时节春暖花开，燕子南归，衔草筑巢，乐业安居。

二候雷乃发声。

虽说惊蛰有雷声，可是真正多雨的时节是在春分，此时节常有雷鸣，偶伴新雨，滋润大地，焕发新生。

三候始电。

雨量渐多，雷声相随而至，此时节常见穿云而下的闪电，划破长空，投射出春之热烈喧嚣。

春天里的节气，总少不了生趣多彩的习俗，春分时节便有放风筝、送春牛、吃春菜、立蛋等风俗。

立蛋是个有意思的小游戏。据史料记载，春分立蛋的传统可追溯到四千年前，人们取初生蛋迅速而轻巧地置于桌面，鸡蛋便可立住。在古老的传说中，春分这日鸡蛋一定可以竖立起来，人们便以这样的方式庆祝春天来临。虽然今人从科学的角度研究，认为立蛋纯属技巧问题，与节气无关，但立蛋所寄托的“人丁兴旺”“代代传承”的祈愿，想来是古今不变的。

陌上花开纸鸢飞

总想着能去江南看一看春天的柳。

那一回走马过苏杭，行色太匆匆。苏堤上游人如织，寸步难行，终未能与岸边垂柳把盏言欢，只在西湖边上遥遥一望，水边的一抹婉约便时常入梦。幻象般的绿色深深浅浅，倒影在西湖的水光中，成为每年春天不期而至的惦念。本想赶在春日去亲近亲近，终究是杂务缠身，无以成行。惋惜之余转念一想，春日迟迟想必人潮汹涌，倒不如留三分念想，待静夜遥思。

所幸岭南春日里的宫粉紫荆花开得绚烂，浅浅的粉紫色透着清梦一样的朦胧，花团锦簇之处，仿佛叠了一层层翻涌的紫色云霞，又如天仙偶入人间春游时落下的一段锦帛。微风过处，一阵独特的

清香若即若离，轻盈淡雅，沁人心脾。

陌上花开，鸟儿缓缓归矣。

林间随处可见不知名的小鸟欢快地在枝条间跳动。和煦的春光洒在花瓣上，落在草叶间，映出绿波轻漾，照得树影斑斓。

大地平分一抹春色，人间共此最美流光。

雨霁风光，春水初生，百花争艳，蝶舞莺飞。

古时候，人们会在春分时节踏青出行，簪花饮酒，享受春半闲情。而更具趣味性的活动，当属放纸鸢了。

发明于春秋时期的纸鸢距今已有两千多年。相传墨翟以木头制鸟，研制三年而成，是人类最早的风筝雏形。后来鲁班受到鹞鹰盘旋的启发，“削竹为鹊，成而飞之”。再后来东汉蔡伦造纸术问世，民间以纸制筝，取名“纸鸢”。虽然没有翅膀，但人们从未停止对飞翔的向往，而古人在春分放纸鸢，更有着祈福辟邪的美好寓意。

草长莺飞二月天，拂堤杨柳醉春烟。儿童散学归来早，忙趁东风放纸鸢。

今日，我也来寻一点童稚之乐，将一枚沙燕形状的风筝放飞在春日清空里。彩绘的燕子迎着东风展翅高飞，在澄蓝的天空中，美得像一幅画。而这幅画作早已延绵了千年，也将延续到无数个千年之后，更是串联起了我们这代人童年中的美好记忆。

儿时的春天，趁着大人在田里插秧，我们捡了田边的几根竹枝，胡乱削成扁竹条，将旧报纸剪出几枚三角形和两根长条形，不知从谁家讨来的一点浆糊，粘出一个既不像蝌蚪，也不像小鸟的四不像风筝，潮汕话称之为“风琴”。一手举着风琴，一手拉着不粗不细的渔线，闹哄哄地跑在田埂上，忙活了半天，但无论如何是放不起来的。有时老天爷也看不下去了，特意送来一阵东风，四不像腾空了几米，便能引起小伙伴们惊喜的欢呼声。哪怕最后的结局多半是落在稻田里被打湿折坏，但那无忧无虑的欢笑声早已传到青空中，与春日傍晚的暮云齐飞了。

落了一身花瓣，收获春意满满。

收起风筝，拾了落花，归家将今日春景融入美食，留住春光。

樱笋时节春菜香

春分的食俗以养生与尝鲜为主。

阳春三月又被称为“樱笋时”。清朝陈维崧有词曰：樱笋年光，饧箫节候。指的是这时节樱桃与春笋上市，卖饴糖人所吹的箫声从

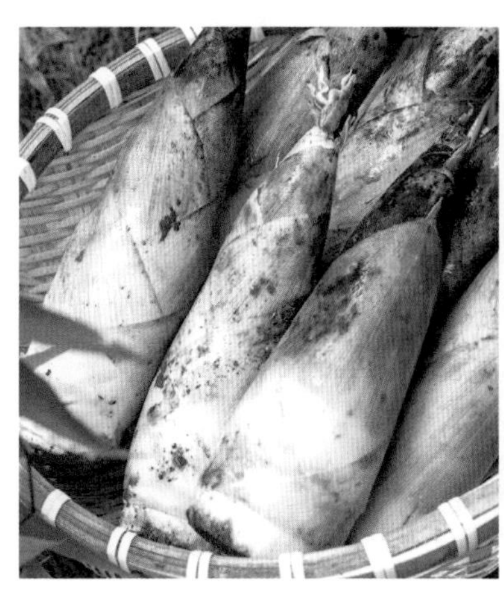

大街小巷飘过，春色幽幽，静好宜人。

为着这美好的画面，今日添了一篮子新鲜樱桃，又将天目山的鲜笋佐以上海咸肉、土猪鲜肉，熬成一锅“腌笃鲜”，这是整个春天里江南人餐桌上必不可少的“春汤”，鲜美至极的味道只消尝上一口，无需饴糖，便好似春水浸心，甘之如饴。

吃春菜是春分必备的美味享受，而香椿自然是佳选。春天将美色留了几分给枝头的香椿，那嫩红的芽叶，让人怦然心动。

早在两千多年前的汉代，香椿便已红遍大江南北，曾与荔枝一同作为贡品，而无论是李渔《闲情偶记》中菜能芬人齿颊者，香椿头是也的美赞；袁枚《随园食单》中所载到处有之，嗜者尤众；还是汪曾祺先生在《豆腐》中提到的一箸入口，三春不忘，都说明了香椿受欢迎的程度以及令人食之难忘的鲜美。

在传统文化中，香椿还有长寿的寓意。庄子《逍遥游》曰：上古有大椿者，以八千岁为春，八千岁为秋。此大年也。上古时代的大椿树以人间八千年作为自己的一年，可见寿命之长久。后人常以“椿”形容福寿绵延，以“椿寿”作为对长辈的寿贺。

万物生发的春季，在餐桌上添一道香椿做成的菜肴，尝春祈福，岂不美哉？

家常的做法有香椿拌豆腐、香椿炒鸡蛋等，只需要简单烹饪，便可享其动人的鲜香。

今日结合春景，加一点创意到菜品中。鸡蛋打散，入锅快炒成蛋碎。香椿焯水，过冷水后切碎，与炒好的鸡蛋搅拌均匀，适当调味，馅料即成。紫甘蓝汁在柠檬汁的作用下神奇地化紫为红，趁热加入澄面与土豆淀粉混合的干粉中，调和成柔韧的面皮。擀压包裹，用手指推出皱褶，捏出花型，点缀花心，上锅蒸熟。一朵朵晶莹剔透、色彩梦幻的紫荆花，便迎着暖烟盛放了。

另一味不可或缺的春菜当属荠菜。

苏东坡的诗句时绕麦田求野荠，写出了春日田野上挖取荠菜的情景，而吃货陆游更是爱荠菜爱到了日日思归饱蕨薇，春来荠美忽忘归的地步。如今虽然无以至田地挖野菜，但幸得物流的便利，可以买到江南的新鲜荠菜，切碎后拌以肉末、虾仁等做馅，制成荠菜馄饨，春味悠然舌尖。荠菜的独特之处就在于，无论以何种形式呈现，只要咬上一口，独特的清新香气便能使人感到缕缕春风轻轻拂过鼻尖，带着江南的三分春色，一丝缱绻。

餐桌上还要给“三月第一菜”春韭君留一席之地，食客们形容

韭菜春香、夏辣、秋苦、冬甜，而一年四季中以春韭为最佳，尤其是早春三月的头茬韭菜，颜色翠绿，茎叶柔嫩，曹雪芹以一畦春韭绿，十里稻花香写出了它的美。

与豆芽清炒，与河虾爆炒等都是家常且美味的做法，但我最喜欢的是韭菜春卷。一番油炸，韭菜的香味被激发出了新的境界，与酥脆的春卷皮一同融合在口腔中，是无论何时想起都要垂涎三尺的风味。今日，再加上一点巧思，韭菜与肉末、虾滑搭配出鲜美的馅料，包裹后将春卷皮一端剪出花瓣，慢慢卷起，用春韭绑紧，温油炸透，再装点少许辣酱。

春日里随处可见的小雏菊，以酥脆鲜香的滋味，给舌尖留下一次浪漫邂逅。

马兰头，马兰头，春天到了就探头。

对于江南人来说，春天的踪迹是从马兰头的味道里寻得的。

除了荠菜之外，陆游也爱马兰头，诗云：离离幽草自成丛，过

眼儿童采撷空。不知马兰入晨俎，何似燕麦摇春风风？

三月的江南莺飞草长，踏青采得马兰头，再以袁枚《随园食单》中的做法：摘取嫩者，醋合笋拌食，或是与香干一同凉拌，吃上一口，便有了一个淋漓尽致的春天。

有意思的是，少时读《西游记》，第八十六回写道，师徒三人在隐雾山救下一名樵夫，在他家吃到了诸多野菜，其中就有“烂煮马蓝头”。许多年后才知道，取经四子竟也曾品尝过盘中的这碟春野菜，不知那时的味道可会比如今的更为鲜美？

回到故乡潮汕，我们从小认得的“春菜”并非以上各种，而是一种介于菜心与芥菜之间的叶菜，兼得芥菜的甘苦与菜心的清甜。在崇尚好意头的潮汕人心中，“万物回春”的名字决定了春菜的江湖地位。但凡潮汕餐厅，菜单上都会有“春菜煲”，肉排、咸骨、丸子等都是它的好搭档。春菜吸油，不管和多么油腻的食材拍档在一起，

始终保持清新爽脆，独特的菜香也从不曾被任何肉味盖过，反而是借肉食之丰腴，提升了自身的香气。

无边春色动味蕾

春分正是海棠花开的时节，淡淡微红色不深，依依偏得似春心。

便用中式酥点的方法，擀出浅粉色的千层酥皮，裹入豆沙馅，修边、塑形、温油慢炸。白芸豆泥调出淡黄色，压成花蕊装点之。又想起海棠宜向雨中看，便再添上几颗可以吃的“雨珠”。海棠不惜胭脂色，独立蒙蒙细雨中，难怪闺中女子要将一片春心付海棠了。

花开满桌，再添两道传统美味。

老北京有春分吃“驴打滚”避邪祈福的食俗。

传说炊金馔玉的慈禧太后某天吃烦了宫里的食物，想尝点新鲜吃食。御厨冥思苦想，决定用江米粉裹着红豆沙做一道新菜。不料新菜式刚做好，一个叫小驴儿的太监来到御膳厨房，一不小心把刚做好的米粉豆沙卷碰掉进了装着黄豆面的盆里。这可急坏了御厨，重做已经来不及了，没办法，御厨只好硬着头皮将这道菜呈到慈禧太后面前。不承想慈禧太后品尝后觉得味道不错，便问御厨菜品的名字。御厨灵机一动，将事故现场与菜式相结合，答出了“驴打滚”的名号，从此，便有了这道小吃。

传闻已不可考，也有说法称，“驴打滚”上面的黄豆面神似春日野驴在地里欢快打滚时扬起的滚滚黄沙，故而得名。无论真相为何，

这道美味小吃都值得在春日里制作享用。蒸好的糯米团粘熟黄豆面擀开，抹上红豆沙，卷起，以棉线分割成块，分别撒上熟黄豆面、抹茶粉、樱桃粉制成三色“驴打滚”，软糯香甜，食之难忘。

旧时春分这天要祭拜太阳神，有吃“太阳糕”的食俗。

传统的太阳糕一般是以糯米粉加糖和水揉成面团，压成圆饼上锅蒸熟。蒸好的糯米糕之间夹上枣泥馅，五层为一碗，再在顶面用红曲水印上昂首三足金乌像代表太阳神。今日，按照古法制之，还特别定制了一个木模，在顶上压出“金乌圆光”的传统图案。香甜黏糯的动人滋味里，藏着“步步登高”的美好寓意。

一桌家常里，满载着盛放的鲜花与时令的食俗，为春分的傍晚添了几分独有的好滋味。

虽春已将半，景致却越发明艳醉人。

浅尝一口春味，共赴一场花事。

在这悠然时光里，乐得春日半分闲。

愿人随春好，无限风光。

清
明

《清明》

唐·杜牧

清明时节雨纷纷，
路上行人欲断魂。
借问酒家何处有？
牧童遥指杏花村。

与“清明”有关的名家诗篇有许多，但脱口而出的仍是杜牧的这首绝唱。

田埂上吹来的风掠过耳际，风中飘荡着半大孩子童稚的声音，一遍遍欢快地念唱着这几句诗句，不知哪个调皮捣蛋的刺儿头，带着大家把“杏花村”纷纷改成自己村子的名称。于是，莫须有的酒家处处有，不知愁的年纪无忧愁。

清明节，兼具人文与自然的内涵，最早是二十四节气之一，起到指导农事的作用，随着时代的发展，清明节逐渐吸收了寒食节冷火寒食、祭祖扫墓以及上巳节踏青祈福的习俗。发展到唐代正式成为一个官方节假日，而到了宋代，清明节已有取代寒食节之势，时至今日，更与春节、端午节、中秋节并称“中国四大传统节日”，成为重大的祭祀节日。

清明的雨，是缱绻的情思

清明前后总是落雨。

常觉得清明的雨和平常的雨不一样，纷纷扬扬的雨雾氤氲在半空，像是在天地间垂了一张帘幕，雨珠落在青碧的草叶尖上，又仿佛颗颗泪滴儿，晶莹而脆弱。

大约是因为一到清明总是容易思人怀乡，情愫所致，才对寻常的春雨有了不同的感受。尤其离开家乡太久了，童年与故土的一切随着时光的流逝渐次模糊，仿如一场旧梦，时而在眼前隐约浮现，却不可触及，不太真切。

我想，这也是自己喜欢并坚持在传统节气与节日之时制作美食的原因，我始终相信味道是可以替我们保存记忆的，无论离家多久，不管年龄几何，乡音或许会随着生活的地域在岁月中更改，但胃里永远装着所有关于家乡的最初记忆。

朴籽粿，一缕久违的乡味

潮汕地区有“清明食叶”的民谚，这个“叶”指的就是朴籽叶。这种叶子在潮汕比较常见，又名“朴丁”，根、皮、叶均可入药，有清热解毒、祛瘀健脾、消食去积等功效。

清明前后的朴籽叶最为鲜嫩，摘取嫩叶，加水打磨成绿色的汁液，拌入粘米粉、白糖等，搅拌成黏稠的粉浆，只消倒入器皿中上锅蒸熟，一枚枚嫩绿色的朴籽粿便会在炊烟中绽开笑脸，散发着朴籽叶清新的香味。这是潮汕众多粿品中专属于清明祭祀用的粿品，

不仅蕴含着春天的味道，更记录着一段艰难的历史。

相传元兵于清明前入侵潮州，烧杀抢掠，民不聊生，百姓被迫无奈避入山林，饥不择食之时唯有采摘朴籽叶与果籽充饥。后人在清明节蒸制“朴籽粿”，以一枚小小的粿品将古今百姓的苦乐相连，祭拜先人的同时，也传递了潮汕人“知死乐生”的人生哲学。

远离家乡的我已经记不得多少年没有吃过朴籽粿了，模糊的儿时记忆中，曾在大伯家吃过一次。烧火的大灶上架着蒸笼，老婶拿好了圆形的大竹簸箕等在灶前，揭开蒸笼的盖子，一阵白茫茫的烟气蒸腾在被灶火熏黑的烟囱口，像是一根白色的绸带。随即便有一个个葵斗碗从蒸锅里被取出，碗里盛开着嫩绿色的朴籽粿。母亲和大姆[①]的声音传来，笑道：“个个裂裂，笑嘴笑嘴！猛猛来食，趁烧！”[②]

---

① 大姆：用以称伯母，亦可指老妇人、老太太。

② 潮汕方言。大意为：每个都蒸开花了，快来趁热吃吧。

时隔多年，当那绵软粿品里的草木香气再次在舌尖轻轻荡漾开时，儿时的一切忽然清晰起来：葵斗碗上古朴而粗糙的青花图案，好不容易爬上竹簸箕又被母亲迅速弹走的一只嘴馋的小甲虫，以及一张张亲切朴实的笑脸。

青团，来自春天的牵挂

提起清明节的美食，许多人不免想到青团，这是江南人家在清明节必吃的一道传统点心。

据考证，“青团”之名大约始于唐代，距今已有千余年的历史。袁枚在《随园食单》中写道：捣青草为汁，和粉作粉团，色如碧玉，说的便是它。

古时候，人们制作青团主要用来祭祀，经过千年流传，青团的外形一直没有变化，但它作为祭品的功能已日益淡化，而成为一道春天里不可错过的小吃。因为艾草在清明时长得最好，所以江南人把春天第一次吃青团，叫“尝春”。据说在传统江南人的心目中，青团的地位不亚于春节时的糖年糕。

在我国的其他地区，青团又称“清明粿”“清明粑”“艾叶粑粑”“艾糍”等。艾草有平喘、利胆、消火、抗菌、驱寒、除湿等功效，很适合清明前后食用，美味之余兼具养生功效。在我儿时的记忆里，艾草是长在村口田地里的野草，有一个很难念的名字——hian。谁家有女子生了孩子，便要采摘艾草煮水擦身。因此，在我的童年记忆中，艾草是与美食无关的。参加工作后第一次吃到青团，

听说是用艾草做的，我还心存芥蒂，谁知咬上一口，但觉软糯清甜，散发着淡淡青草香气的团子瞬间便使我倾心，从此成了每年春天的牵挂。

写至此处，不由得想起去年的春天，在上海西郊宾馆的餐厅里尝春，我坐在透亮的玻璃窗前，桌上有一碟荠菜炒年糕，几枚刚蒸好的青团。窗外恰好是一片园子，有一汪浅水，水中立着假山，一只通身雪白的小猫在假山上来回穿梭，时而欢快地跳跃，时而闲适地卧坐，小山丘上垂丝海棠的花瓣仿佛点染的几滴粉墨，翠竹伸着嫩绿的枝丫，雨雾迷蒙着春日的午后。我尝了一口青团，忽然想起来，母亲在时从未吃过这点心，也从未到过江南，假如她能在这般春色里尝到艾草做成的这道美食，必定会如我一般惊喜。

大约是怀着这样的惦念，今年制作青团时，我在咸口味的蛋黄肉松馅、春笋肉丁馅之外加了一款潮汕沙茶牛肉馅，甜口味除了玫瑰豆沙馅，还做了白果芋泥馅，以及母亲从前喜爱的花生芝麻白糖馅。将潮汕风味加入青团的同时，也融入了我的深深想念。又取彩色糯米面团做了些春日里的小花点缀其上，添了几分花开的烂漫。

青团出锅时正好雨停，院子里的泥土湿润润的，想起母亲从前总说“清明前后，种瓜点豆”，于是取出菜籽播撒。与身为种菜大神的母亲相比，我这个小白只盼着种子能顺利发芽，心想着假如几个月后真能长出果菜，便用来做一道母亲从前擅长的拿手菜吧。

我想，无论世事如何变迁，春天总会如约而至，哪怕隔着万丈红尘，我们也终能在味道中重逢。

旧俗，不负春日好时光

碧绿的团子软糯，豆沙的滋味香甜。细细咀嚼，幽幽青草香在舌尖缓缓蔓延开来。

包括我自己在内，如今人们对清明节的认知更多的是扫墓祭拜的习俗，“慎终追远”早已刻在国人的骨子里。清明这日，哪怕相隔千里，人们也要赶回家乡，祭祀祖先，以示敬缅，也因此不免愁思绵绵。但古时候除了祭祀之外，还有着丰富多彩的清明习俗。

时处仲春与暮春之交，清明前后万物清净，云天明洁，细雨空蒙，杨柳依依，陌上桃红梨白，青草离离。人们在行清墓祭的同时踏青郊游，因此除了祭扫之外，清明节还有荡秋千、蹴鞠、拔河、插柳、牵勾、斗鸡等风俗，从前江南一带还会举办热闹的“蚕花会”。在祭奠先人的同时感受春天的生机，既是对往者的纪念，更是对生人的祝愿。

翻开古时画卷，便能发现古人在如斯美好的春日里，或追逐落花，或欣赏垂柳，或结伴出游，或痛饮嬉戏，不愿浪费任何一寸绚丽春光。

踏青寻春

踏青的清明习俗自古有之，又称为探春、寻春等。

清明时节，大地回春，生机盎然，春光宜人，正是郊游的大好时光。于是人们因利趁便，扫墓之余在山野之间游乐一番。

集市采买

寻春路上常见商贩货郎趁此时节贩卖各种胭脂水粉、团扇发簪、玩具什锦、日用物件，以供游春之人采买赏玩。

插柳

清明自古有插柳习俗，一说是纪念“教民稼穑”的农事祖师神农氏，一说是清明插柳戴柳可驱灾辟邪，还有一说是为纪念介子推。

古谚有“柳条青，雨蒙蒙；柳条干，晴了天”的说法，古人把柳枝插在屋檐下，据闻可以预报天气。

此外，柳树强大的生命力，又与“留”同音，都寄托了人们祈求生机勃发的愿望，触景怀念先人的思绪。

射柳

射柳是清明盛行的一种练习射箭技巧的游戏。据史料记载，清明时节人们将鸽子装进葫芦，高挂于柳树上，游戏者纷纷弯弓射箭，若能射中葫芦，鸽子便可飞出，以鸽飞的高度来判定胜负。败者要向胜者敬酒以表敬意。

蹴鞠

蹴鞠历史悠久，是古代的足球游戏，相传由黄帝发明，最初是用来训练武士的。后来演变成全民运动，并成为古代清明节盛行的游戏。玩法丰富，花样繁多。

吃冷食

清明节融入了寒食节禁烟火吃冷食的习俗，在这一日不生火烹饪，提前准备了青团、馓子、野菜等时令食物做冷食。

荡秋千

古时清明节的重要习俗之一，被称为“半仙之戏”，极为盛行。明媚春日，女子们身着清雅服饰在秋千上摆荡嬉戏，或站或坐，花样丰富，身姿翩然，别具生趣。

关扑

南宋时，清明祭扫渐渐演变为带着食盒酒具到郊外踏青，沿路便有摊贩以日杂、奇珍为赌注，以飞镖、轮盘等博戏方式赌掷财物，是为“关扑”。

斗草

斗草习俗源于魏晋南北朝，由采草药衍生而成的民间游戏。清

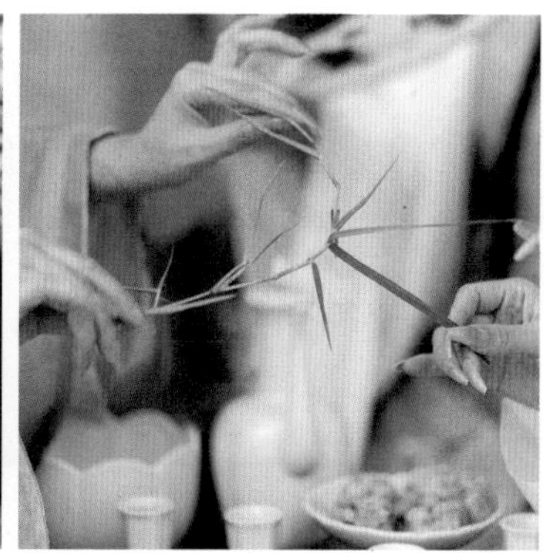

明时节踏青春游，沿路寻得一些奇花异草，互相比赛，以花草坚韧或品种新奇、数量繁多者为胜。

放纸鸢

风筝又名“纸鸢”“鸢儿”，放风筝是清明时节备受喜爱的活动。古人把疾病苦难写在风筝上，风筝飞上天后便剪断牵线，据说可除病消灾，带来好运。

沿袭千年的祭祀传统里，人们不忘尽孝道，念亲恩。而从史书古卷中，我们得以欣赏到一幅幅清明游春的画卷。或许，古人正是用一场热闹生趣的春日畅游告知后人：人生如春，浮云朝露，莫负好时光。

铭记去者，不忘来处，天地两相安。

注：为重现古俗，我们“张罗”了一场清明时节的春日畅游，以期唤回对传统佳节美俗的珍视。

谷雨

杏雨别梨云，烹茶邀牡丹

《谷雨三月中》

唐·元稹

谷雨春光晓，山川黛色青。
叶间鸣戴胜，泽水长浮萍。
暖屋生蚕蚁，喧风引麦葶。
鸣鸠徒拂羽，信矣不堪听。

谷雨，春天的最后一个节气，也是一个充满神话色彩的节气。

传说中第一场“谷雨”下在仓颉造出文字的那一日。

为了褒奖他造字有功，天帝问仓颉要什么奖赏。仓颉说他只求黎民不受饥寒，生灵免于涂炭。天帝答应了他的要求，当即降下一场谷子雨，使人间五谷丰登。为了纪念仓颉，人们把这一日称为“谷雨节”。

神话寄托的是先民的美好想象，但古老的农耕文化中早有“雨生百谷”的说法。

谷雨前后，春雨如酥，正是庄稼生长的最佳时节，《群芳谱》中也有谷雨，谷得雨而生也的记载。

古人将谷雨分为三候：

一候萍始生。

随着降雨量增多，池上浮萍开始生长，姿态繁茂。

二候鸣鸠拂其羽。

布谷鸟在枝头蠢蠢欲动，因叫声“布谷”与“播谷”谐音，声声鸣唱仿佛向人们发出播种的提醒。

三候戴胜降于桑。

戴胜鸟也在此时节翩然飞翔于繁茂的桑树之上，其羽色丰泽亮丽，头上羽冠形如皇冠，美貌动人。

时处暮春，谷雨的景色自有一番风情。

春将归去，落红似雨，绿浪迎风，蜂蝶相与，青野茫茫，流莺不语，牡丹竞放，茶香如许。

在如斯美好的最后一节春光里，民间有喝谷雨茶、赏牡丹、吃春、走谷雨、祭仓颉、祭海、张贴“谷雨贴”等风俗。

春茗初收谷雨前

喝谷雨茶是此时节特有的仪式感，谷雨时节采制作的春茶又名“雨前茶”。

明代许次纾在《茶疏》中谈到采茶时节，认为清明太早，立夏太迟，谷雨前后，其时适中。正是因为此时节雨水充沛，经过冬季休养，初春生长的茶树芽叶鲜嫩柔软，烹出的茶汤色泽淡雅，香气宜人，且富含多种维生素和氨基酸。民间更是传说谷雨这天的茶喝了会清火、明目、辟邪，因此备受人们推崇。

幼时家中茶叶多为铁观音与单丛，因此我自小爱喝酽茶，对绿茶爱意不浓，平日里不多亲近，唯有春日里的龙井是难以割舍的眷恋，且无可替代，年年盼之。

大约十来年前的春天，趁着休假去了几日杭州。苏堤上游人如织，熙熙攘攘，我为避开人潮，到了九溪烟树。

枫叶尚未绿透，林色斑斓，层层晕染，恰好晨起落了一阵雨，轻烟似的雨雾浮动在一汪碧水之上，仿若太虚幻境。一路只顾抬头赏树，也不知沿着小径走了多久，竟误入了一座清幽古朴的小村落，只见白墙黛瓦的江南民宅被层层山峦拥在怀中，青石板砌成的小路上隐隐长着青苔，三两吴侬软语从巷子深处远远传来，与世无争，飘然尘外。

后来才知道，便是闻名遐迩的“龙井村”。

路过一家挂着“私房菜”招牌的茶农民宅，主人安排我落座在天台上，可远眺青绿绵延的茶山。点了一条西湖醋鱼，一碟子雪菜春笋，上菜时主人沏了一杯绿茶相赠，说是自家茶山上的龙井，谦称是雨前采摘，比不上明前茶，略可尝尝。

那是我第一次在茶农家尝到我向来陌生的茶汤，味道究竟如何早已忘了，但倒映在玻璃杯上的村子的剪影，穿透茶叶浮动的水波，洒在旧木头桌子上的那道春日虹彩，却始终在记忆深处保留着美好的一帧画面。

后来又去了许多次杭州，却总因为各种缘由，没再到过龙井村，这两年索性连杭州都久未造访了，幸而好友每年都会从狮峰山捎来明前的龙井。

烧红的核桃炭倒入红泥小火炉中，慢煮砂铫里的泠泠水，烹出一壶带着淡淡春香的清茶。

幽幽茶香中仿佛能得知一点远乡村落的消息，只盼春风有同伴，好将我满心的惦念传回到久别的地方去。

独立人间第一香

因为名字里恰好带“丹”字，总觉与牡丹有几分渊源，私以为比起别的花，我与她更亲近些。十五岁那年写的人生第一部剧本，女主人公便是“牡丹仙子”的化身。如今想来禁不住羞得面红耳赤，但对牡丹花的仰慕却是多年未减。

国色天香绝世姿，开逢谷雨得春迟。因在谷雨前后开花，牡丹又被称为“谷雨花”，是我国唯一以节气命名的花卉。关于牡丹花的

传说众多，而“赏牡丹”也成为谷雨时节极具风雅的传统习俗，已延绵千年。清代顾禄的《清嘉录》有载：牡丹花，俗呼谷雨花，以其在谷雨节开也。谚云：“谷雨三朝看牡丹”。山东菏泽、河南洛阳等地，至今仍会在谷雨时节举行牡丹花会。

我曾在新西兰的花园里看到过一整片盛放的洋牡丹，颜色艳丽，姿态娇羞，绽开在层峦叠嶂的青山下，显得有些渺小，仿佛只是天地间的一抹点缀，与我想象中的国色不尽相同。

去年在沪郊的一座院子里偶遇了几株疏放的牡丹，淡粉色的花朵开得并不盛大，却远远可以闻见那温软淡雅的清香。

今年实在抵不过倾慕之情，从洛阳花农处购得了一束，物流辗转到达时枝叶已有些干枯，幸而醒花后重回生机。

岭南春暖，不消两日便一一怒放，雍容华贵的国色天姿傲立于瓷瓶中，满屋子飘荡着馥郁的高雅香气。可以想见，若是置身于一整个牡丹花盛放的园子里，该是多么的令人陶醉，怪不得须是牡丹花盛发，满城方始乐无涯。

正倾倒在百花之王的动人里难以自持，不承想换水时竟失手将一整个花头拔落，一刹那的光景，毫不费力的片刻，那花便折损在我手中，实在是懊悔莫及。

顿觉哪怕世人皆赞叹于她“花开时节动京城”的无双艳色，也终究只是娇弱的花朵一枝，当需好好呵护，才不负这一抹落尽残红始吐芳的春色。

集注
宋 朱子 集註

穀雨

人间有味是清欢

春雨连绵的节气，空气中的湿度逐渐加大，传统的养生观点认为此时节应当防止“湿邪”入侵伤身，因此饮食上应多吃利水祛湿的食物，玉米、茯苓、冬瓜、薏米、赤小豆等都是不错的选择。

而随着炎热潮湿的夏季渐近，护肝养脾也成为重要的养生内容，根据个人体质，可适当多吃健脾养胃的食物，如山药、鲫鱼等。而令许多人闻之色变的香菜，中医却认为它性温味甘，能健胃消食、发汗透疹、发散寒气。

被誉为“民间圣果”的桑葚这时节也正好成熟。含有丰富的活性蛋白、维生素、氨基酸等多种成分的桑葚营养价值极高，不可错过。

结合时节特征，融入对春天的不舍，突发奇想的以茶入点，将龙井茶做成茶冻，抹茶粉加牛奶煮成奶冻，分别塑成青山的造型，

以一汪茶汤作为浅水环绕，缀上点点落红，自成一幅画卷，便当是用食物留下了这一季春的一抹剪影吧。

再取龙井碾成茶粉，与豆泥调制成馅料，搭配蒸熟筛好的米粉制成龙井馅的江南茶糕。

米香与茶香于春末惊鸿邂逅，无端动了春心。

用现磨豆浆冲泡一杯西湖边上备受青睐的龙井豆浆，加入吉利丁片凝固成冻，豆香醇厚，茶香清新，相得益彰。

才从樱花盛放之地归来，一抹不舍尤在。便做出两款花型小点，以添谷雨春色。

干樱花泡出的茶水加入泡软的琼脂，煮化后倒入白砂糖，调出浅浅粉色，熬煮至融化。冷藏定型，分别用模具做出花型、叶片，常温风干。

琥珀般的花朵里，凝聚着遥远国度的春日，花见时节的动人。

再将和好的黄油饼干面团，压成樱花与叶子形状，送入烤箱烘烤。深浅粉色晕染的花朵，淡淡绿意添彩的叶片，纯美之中又散发着浓郁的奶香，格外迷人。

趁着谷雨赏牡丹之际，按着它的样子制成美食，想来便可盛放四季，花色如新了。

中式大开酥擀出千层酥皮，用模具压出花瓣形状。取椰蓉馅心作为花心，层层贴上花瓣，粘好收口，入锅温油慢炸，再配上几片酥皮制成的叶子。

朵朵牡丹盛放，隐隐酥香飘远，托花信风将这香气好生保管，留待下季共赏。

春光穿透花瓣，胧胧如幻。要展现这一抹娇柔剔透，想来非琉

璃糖莫属。

糖浆煮好后，用模具制成片片花瓣。取花心蘸糖包裹，由里向外粘上花瓣，扫上金粉，点缀叶片，琉璃牡丹即成。

一抹柔光过处，层层花瓣闪烁，如宝石晶莹，如笑靥含羞，不禁心醉。

几色茶点备齐，天色正好。

院子里清明时候撒下的种子已经纷纷长出嫩芽，期盼它们在夏季里能成为茁壮的菜苗，呈现出另一番生机。

正自浇水，红泥小火炉里的核桃炭发出轻微的“噼啪”声，砂铫里的水已经烧开了，持一碗清茗邀瓶中的牡丹共饮，心里念着假如明日有雨，便将花带到雨中去，让远道而来的她瞧瞧岭南的雨景。倘若晨起天晴，便借几寸日光，把收集起来的牡丹花瓣晒成干花，

可制成香囊佩戴，四季满身花香，又可进一步烘焙后当做茶饮，美容养颜，岂不美哉？

古人的诗词里多有寂寞空庭春欲晚，梨花满地不开门；杏花结子春深后，谁解多情又独来；流光容易把人抛，红了樱桃，绿了芭蕉等无以留春住的伤感之作，大约是因为将韶光淑气与花样年华联想在一起，春将归去之时便伤感于最是人间留不住，朱颜辞镜花辞树。

私以为岁月的动人之处，便在于它的从不停留。因为春天即将远去，昼夜不舍奔流，才更应珍惜时光，或到野郊“走谷雨”赏春色，或沏一壶雨前茶并三两小菜尝春味，滋养身心，开阔胸怀，迎接下一个季节，下一段美好。

待到夏花绚烂时，相邀再做看花人。

树阴满地日当午，梦觉流莺时一声

第二卷

槐序

立夏

夏木成荫处，清梦满星河

《立夏》

宋·赵友直

四时天气促相催，
一夜薰风带暑来。
陇亩日长蒸翠麦，
园林雨过熟黄梅。
莺啼春去愁千缕，
蝶恋花残恨几回。
睡起南窗情思倦，
闲看槐荫满亭台。

立夏，夏季的第一个节气，民间又称为“四月节”，古人雅称其为“春尽日”，代表着春天远去，夏日伊始。

元人吴澄《月令七十二候集解》写道：夏，假也，物至此时皆假大也。这里的“假”即“大”之意，意思是春天种下的植物到这时已经长大了。

立夏过后，日照增加，气温升高，雷雨渐多，是农耕的重要阶段。

立夏有三候：

一候蝼蝈鸣。

蝼蝈，蝼蛄也，土穴生小虫，随着环境日渐温暖潮湿，蝼蛄声声鸣唱，夏味渐浓。

二候蚯蚓出。

隐于地下的蚯蚓受阳气牵动破土而出，开始了新的一次探索之旅。

三候王瓜生。

王瓜的藤蔓在无人知晓的寂静时刻快速生长，预示着一年中最热闹繁盛的季节即将开始。

古时的立夏是充满仪式感的。据载，这一日，帝王要率领文武百官到野郊举行“迎夏仪式”，君臣一律身着朱色的礼服，戴朱色的玉佩，且马匹、车乘等也一律用朱红色绸布装饰，寓意五谷丰登。

与皇室的庄严肃穆不同，民间的立夏充满了欢声笑语。立夏秤人轻重数，秤悬梁上笑喧闺描绘了一幅活泼生动的农家画面。从前，田户都有称粮食的大秤，到了立夏这日，这杆大秤便用来为全家老少称体重，是为“秤人”。一家人言笑宴宴，其乐融融，到了立秋还要再称一次，看是丰腴了还是清减了。

时至今日，迎夏与秤人的习俗依旧保持着，此外还有斗蛋、尝新等风俗，以品尝美食与趣味游戏的方式，迎接新的季节来临。

裁一缕光阴赠童稚

假如说春天容易使人感怀青春，那么夏日里最怀念的，必定是童年时光，尤其是那一个个炙热的、喧闹的儿时夏夜。

《新闻联播》的片尾曲响起时，巷子口路灯下的小茶桌便依次支了起来，铁观音的茶香从画着迎客松的老茶盘上轻轻飘起，融入暖黄色的灯光下漂浮着的尘埃里。邻里三三两两拖着自家的竹编椅子聚在茶桌旁，大葵扇赶走了爱热闹的蚊虫，也将闲聊家常的笑语声扇散在微微闷热的夜风中。不消片刻，做完功课的孩童们陆续出现在路灯下，追逐打闹的声音搅浑了原本宁静的夜色。

那时候，特别喜欢玩一个叫“斗金龟”的游戏。“金龟”是潮汕地区常见的甲虫，真名为何我至今不知晓，由于它身上的颜色是略带荧光的墨绿色，在路灯下会泛出微微的金光，因此得了“金龟”的名号。抽一根母亲们绣花用的绣线，将金龟的一只脚绑住，手里拉紧线，将金龟放飞，一枚枚“甲虫风筝”便会沿着电线杆纷纷飞翔，嗡鸣声此起彼伏。比赛胜负的标准是看谁的金龟飞得高，飞得

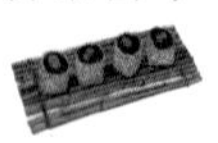

久。小主人们会不断给自己的金龟加油打气，偶尔一两只挣脱了没绑紧的绣线，眨眼间便逃窜到夜色中，留下小主人一声沮丧的叹息。获胜者并无奖励，无非是赢得片刻得意，但那份满足使得我们乐此不疲地奔走于每个夏夜的电线杆下。

夜深时，玩闹中手脚处被埋伏在周围的蚊子大快朵颐咬出来的红包开始止不住地发痒，于是，家家户户都充斥着花露水的清香。那味道，我至今记忆犹新。

童年就像一面从未蒙尘的镜子，让成年后偶感迷惘的自己能够照见最初的模样、最单纯的向往。而记忆中童年的夏日，也因时光的反复洗涤而变得深刻完美。无论身居何处，不管年岁多少，我们总需要偶尔给自己一些片刻，做回孩子。

于是，在立夏这日，根据传统习俗，取五彩绳编织了几枚蛋兜，将煮好的鸡蛋装入其中，像孩童一样挂于胸前。又邀上家人一道斗蛋，各人手持熟鸡蛋，蛋尖者为头，蛋圆处为尾，蛋头撞蛋头，蛋尾击蛋尾，破壳者败，蛋壳完整者为胜，看看谁能尊为立夏的“蛋王”。

“立夏胸挂蛋，小人疰夏难”是民间对于立夏挂蛋及斗蛋的解释与祈福，但愿自今日起，一夏安康无虞。

也曾想醉卧芍药裀

不同于春日里的百花争艳，夏日更引人注目的是那层层叠叠的绿浪。但有一品花是此时节独有的艳色，便是被誉为“花相”“花仙”以及“五月花神”的芍药。

据载，芍药在中国已有超过四千九百年的栽培历史，是栽培最早的花卉之一，位列草本之首。中国传统文化中，芍药与牡丹并称为“花中双艳”，民间有谚语“谷雨看牡丹，立夏赏芍药”。牡丹花盛开的时节里，芍药只是无声孕育着花蕾，直到牡丹谢去，她才悄然绽放于春夏交界之际，飞彩流香，妍丽脱俗，见说君家红芍药，尽把春愁忘却。若说牡丹代表国色天香、雍容华贵，那么在我看来芍药代表的便是风雅浪漫、情有所钟。

少时读《红楼梦》，除了黛玉葬花之外，镌刻在心中最唯美的情节便是“憨湘云醉眠芍药裀”：

都走来看时，果见湘云卧于山石僻处一个石凳子上，业经香梦沉酣，四面芍药花飞了一身，满头脸衣襟上皆是红香散乱，手中的扇子在地下，也半被落花埋了，一群蜂蝶闹嚷嚷地围着他，又用鲛帕包了一包芍药花瓣枕着。

短短的一段文字，描绘出一位豆蔻年华的少女醉卧花丛，以芍药花瓣为枕，蜂蝶环绕，落花满身的唯美画面，如诗如幻，天真烂漫。

看书人无以像书中人一样醉眠芳树下，半被落花埋，唯有将远道而来的几枝芍药好生照料，在“落日珊瑚”“晴雯”“杨妃出浴”等动人的名字与姿态中，细细品味初夏时节脉脉无语的情深意浓。

花朵盛放时的绰约花姿，使我想起层层叠叠的花瓣中还包含着“离情依依”的情愫。

先秦诗经《国风·郑风·溱洧》曰：维士与女，伊其相谑，赠

之以勺药。男女结伴到洧水对岸游玩，相互戏谑玩闹，离别时赠一朵芍药，订约毋相忘。何其纯真美好，虽不知他们会否再相逢，后来又可曾结得好姻缘，但那一朵水边红芍，却在诗经中盛放千年，岁岁为有情人而生。

温一壶绍酒佐夏味

为了迎接新的季节来临，自然少不了丰富的食俗。

民间有“立夏吃了蛋，力气大一万”的俗谚。南方的立夏气温已日渐升高，因感暑热之气，容易出现食欲缺乏、乏力倦怠、心烦气虚之类的症状，称为“疰夏”。鸡蛋作为日常营养品，可用来提前“进补”预防疰夏，且依据中国传统医学理论，夏季宜养心，人们认为“心如宿卵”，所以在夏天到来之际吃蛋，有“拄心”之用。

传统食俗中，立夏蛋多沿用茶叶蛋的做法，补夏之余茶香还可消暑。于是取香料若干，加入红茶少许，熬煮卤汤，将煮熟后的鸡蛋表壳敲出裂纹，投入汤汁中熬煮浸泡。再取花果数样，熬煮成彩色底汤，摘取各色叶片贴在鸡蛋上，以滤网裹之泡煮，制成彩色印花蛋，为节气增添些许趣味。

再花一点小心思，制作一枚“蛋非蛋”献给初夏。白巧克力融化调色，倒入鸡蛋模具中，冷冻定型。芒果汁、椰子水分别加入海藻酸钠搅拌均匀，温水中加入乳酸钙，先做出“蛋黄”，再将它包裹入“蛋清”中，合二为一，鸡蛋即成。最后装入脱模后略加修饰的“蛋壳”里，几可乱真、蛋中无蛋的龙吟鸡蛋便制成了。

立夏吃乌米饭的古老习俗至今保留。乌米饭是一种紫黑色的糯米饭，采用野生南烛叶捣汁浸染糯米，上色后蒸熟而成。南烛叶古称“染菽”，医典记载其有益精气、强筋骨、明目等功效，民间传统认为吃立夏乌米饭可以祛风解毒，防蚊叮虫咬，且能保佑平安如意。于是按着古法取汁浸米，并用老手艺人制作的小竹篓作为器皿装盛上锅，袅袅炊烟中被浸染成绿色的糯米渐次蒸出乌亮的黑色，古色古香的风味陶醉了初夏的午后。

用醒好的面团炸一根酥香的油条，取一团乌米饭，填入油条碎、熟咸蛋黄以及由蚕豆、火腿炒成的馅料，塑成六瓣花的形状，加上花心点缀。软糯中包裹着酥脆与鲜香，一口便可梦回江南的清晨。

那年西塘的岸边，桨声划开了薄雾，晨曦打亮了窄巷，木板门轻轻推开，乌饭香隐隐飘来，袅袅烟火气中时光忽然慢了下来。

邻山而居，与小动物的关系日渐亲密。晴天时，猫儿们喜欢到院子里玩耍，玩累了便会在树叶堆里睡一场长长的午觉，憨态可掬。便仿着它们的样子，取乌米饭加白砂糖与清水打成米糊，混合寒天粉煮开。取模具，先用牛奶寒天液点缀一点斑纹，再将乌米寒天液倒入模具中，冷冻定型。用糖皮做成可以吃的假山与芭蕉树，装点远景，再将小猫放入其中。

愿围墙外的猫儿们尽情嬉闹，香梦甜酣。

将被称为“立夏豆”的蚕豆、雷笋、咸肉、五花肉、腊肠与糯米等，焖成一碗新派“立夏饭”，以作“五谷丰登”“强身健体”的祈愿。

古人认为豌豆形似眼睛，立夏吃豌豆可祈求一整年双目清澈，无病无灾，民间更有“每天吃豆三钱，何须服药连年”的说法，便取新鲜豌豆煮熟捣泥，制成几枚豌豆糕。

又将煮熟的豌豆打成泥，与琼脂水同煮，入模具冷藏凝固，制成山形。脱模后喷上食用珠光粉，做出晕染的颜色。盘子里凝出一汪浅水，喷上少许倒影，放入座座青山，组合成“青山连碧”的画卷。

夏木渐次成荫的山峰上，深深浅浅的青绿自是动人，我见青山多妩媚，料青山见我应如是。

此外，熬煮了健脾化湿的冬瓜老鸭汤、应“尝新”风俗备了润肺止咳、生津止渴的“初夏鲜果第一枝”——枇杷。

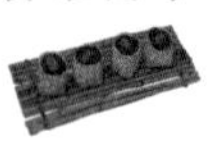

掀开锅盖，茶香满屋，立夏茶叶蛋已泡煮完成。传统江南人食用茶叶蛋时还会配上绍兴酒，遂温上绍酒一壶，佐以几道夏日小菜，品花尝味，作一场餐桌上的“迎夏仪式”。

不知怎的忽而想到端午时要包咸蛋粽子，又突发奇想将家中的鸭蛋以盐水及泥裹两种方式，封存于坛子里，静待昼长夜短的夏日，将它腌制出时光的风味。

与春季的温婉娇柔不同，夏日的景致更为热烈繁茂：芭蕉新绿，荷风初熏，花果飘香，夏木成荫，雷雨多至，流云不惊，蛙声渐起，夜深梦轻。在这炽热豪达的季节里，或许会因着气温上升、空气闷

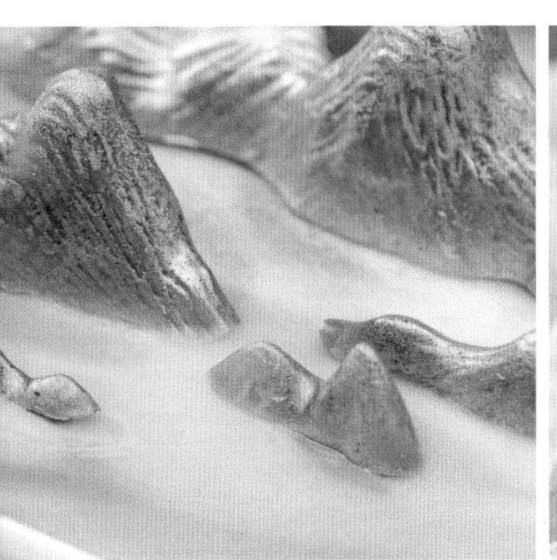

热，使人心烦气躁，因此，养身之外更需养心。不妨耐住性子，去感受那些不经意的细碎美好，去发掘夏口敛藏的处处柔情。

午间临窗而眠，纱帘上摇曳的绿影使人想起故乡田野里的稻禾，穿堂而过的微风里，是禾苗温润的清香；黄昏归家时天边流云来去，落霞的颜色是童年最爱的橘子汽水的色彩，总还记得仰着头一口饮尽时的酣畅满足；晚来漫步清夜，风的尽头偶尔掠过流萤一抹，所有夏夜的角落里，便都有了点点温柔的微光。

莫道夏日苦长，心静处，自有星河清梦，凉月好风。

祝夏安。

小满

良辰最是未满时

《小满》

元·元淮

子规声里雨如烟，
润逼红绡透客毡。
映水黄梅多半老，
邻家蚕熟麦秋天。

小满，夏季的第二个节气。

《月令七十二候集解》有云：四月中，小满者，物至于此小得盈满。

古人将小满分为三候：

一候苦菜秀。

小满时节，苦菜正盛，枝叶繁茂，恰好可作为节令食材。

二候靡草死。

一些枝条细软的喜阴草类在强烈的阳光下开始枯死，万物更迭，自有其理。

三候麦秋至。

虽是初入夏，但对于北方麦类夏熟作物而言已是“秋日”，故曰“麦秋”，意味着麦子虽未成熟，但已渐渐饱满。

小满时节的传统习俗充满了生趣与诗意，民间有祭车神、祭蚕、看麦梢黄、夏忙会等风俗。食俗方面最特别的是要“吃苦”，此时节食用苦菜等苦味食材，有清热解毒、祛湿降压的功效。

小满过后，暑气日上，因感炎热容易心浮气躁，各种“上火”的症状也随之而来，于是古人会多食用酸味的小果子，既能敛藏身体内的精气，又有生津止渴、消除火气之功效。其中以青梅的酸味最正。

趁着小满节气，我们也来吃酸食苦，尝尝属于古人的另类风味。

梅子留酸情意长

夏风往南跋涉了九万里，遇见一片青云，交缠幻化作一帘温润的疏雨，落在山间的梅林里，饱满了一颗颗初夏的青梅。它们酸软了杨万里的齿牙，点染了贺铸的愁绪，滋润了行军将士们干渴的喉咙。在李白讲述的故事里，它们是两小无猜的象征；落在曹孟德的樽俎上，见证了千百年前“论英雄”的名场面。难忘李清照笔下和羞走，倚门回首，却把青梅嗅的少女，因荡过秋千而被涔涔香汗透湿的罗衣，可曾被清风吹干？

因为有了梅子，夏天多了几分诗情，几分念想，几分留存齿间与心头的浓得化不开的酸。也罢，没有酸味的夏天本来就是不完整的。

而在我的家乡潮汕，青梅被许配给了盐巴，它们置身于一个个记载着家族故事的玻璃罐或老坛子里，在携手相伴的岁月中，酝酿出几乎所有潮汕家庭都无法割舍的独特咸酸。

拖[①]桃李时若是少了咸梅，它的属地风味便不复存在。熬鱼汤、蒸乌鳗、蒸排骨等家常菜，烹饪时加入几颗腌咸梅，水产携带的腥味、肉质产生的肥腻瞬间荡然无存，唯有被激发出的来自湖海的鲜味、源于蛋白质的醇香，与一缕时光赋予果实的甘酸相融，迸发出令人难以忘怀的无穷回味。

二姑妈年轻的时候就顶怕鳗鱼的味道，但每每餐桌上有“咸梅

① “拖”取译音，是潮汕的一种腌制水果的方式。

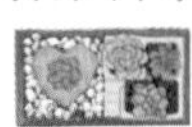

蒸乌鳗”这道菜时，她总会等到众人吃完鳗鱼，再把盘底的汤汁喝掉。我猜，她爱的其实是咸梅的风味。

对于潮汕孩子来说，家中橱柜里那罐腌制得汤汁金黄的老咸梅，还有药用功效。儿时喉咙痛，母亲便会打开咸梅罐子，夹出一颗塞在我嘴里，浓重的咸酸直冲天灵盖，小眉毛瞬间拧成麻花。可当浓味缓缓在口腔中漾开之后，痛得火辣辣的喉咙竟被慢慢抚慰了，渐渐不再闹腾。以至于后来许多个夏日的周末，我都因太惦念那个滋味而忍不住打开橱柜，盛出几颗酸梅，取来家中壁橱里闲置的仿古酒壶，倒入咸梅，加两勺白糖，灌满凉白开，自制成一壶酸梅汤，坐在门槛上，望着巷子里高照的日头，拎着小酒杯开怀畅饮。有时，还会带上我那可爱乖巧的小表妹，两人装模作样地推杯换盏，可以消耗掉十几颗咸梅，以及一整个午后的时光。有一回戏瘾大发，假装醉酒，颠三倒四地在厨房里乱窜，玩闹间失手打碎了一枚土鸡蛋，两人慌忙拿扫把收拾残局，结果越扫越脏，最后笑闹成一片。

至今谈起，口中仍禁不住生津，心上一软，原来，属于我们的童年也曾经是梅子味的。无端想起网络上流传甚广的句子：*世间情动，不过盛夏白瓷梅子汤，碎冰碰壁当啷响。*

南方的暑热来得快，此时节的青梅已经过了最为翠绿的时候，生怕错过它们短暂的美好，赶忙在廉纤细雨过后备好材料与器皿，将它们封存进小满节气的时光中。

青梅的品种有许多，我选用了普宁的青竹梅、福建诏安的白粉梅与青梅、云南的照水梅等，青竹梅加入淡粉色的喜马拉雅玫瑰盐制作咸梅，不知这远道而来的岩盐是否能与家乡的果实有一场别具风味的邂逅，期待时光揭晓答案。又将其余梅子分别加入白砂糖，制成梅子露；加上手工黄冰糖与低度数的白酒，试着酿几坛青梅酒。此时节白粉梅已经到了完熟期，微黄的颜色添了几分风情，浑身散发出既清冽又温软的香气，忍不住掬一捧梅子在手中，送至鼻尖深深嗅上一口，瞬间便犹如置身于十里桃林，南风过处，颗颗梅子落入山间泉水，仿佛溅起一阵初夏的新雨。

封瓶时突发奇想，给每个罐子里的梅子制品分别取了雅致的名字。青梅酒以与酒有关的宋词词牌名命之，“行香子”“浣溪沙”“醉花阴”“如梦令”等；梅子露与咸梅的名字则从与梅子相关的诗词中提炼，如“向晚”“晴溪”“阑意”“碧玲珑”等。以生涩的笔迹书写落款，贴挂在瓶身上，期盼这一点诗情与心思能令瓶子里的梅子多得一些光阴的眷顾，酿造出独特怡人的风味。

自今日起，“等待”二字有了更美好的期待与含义。

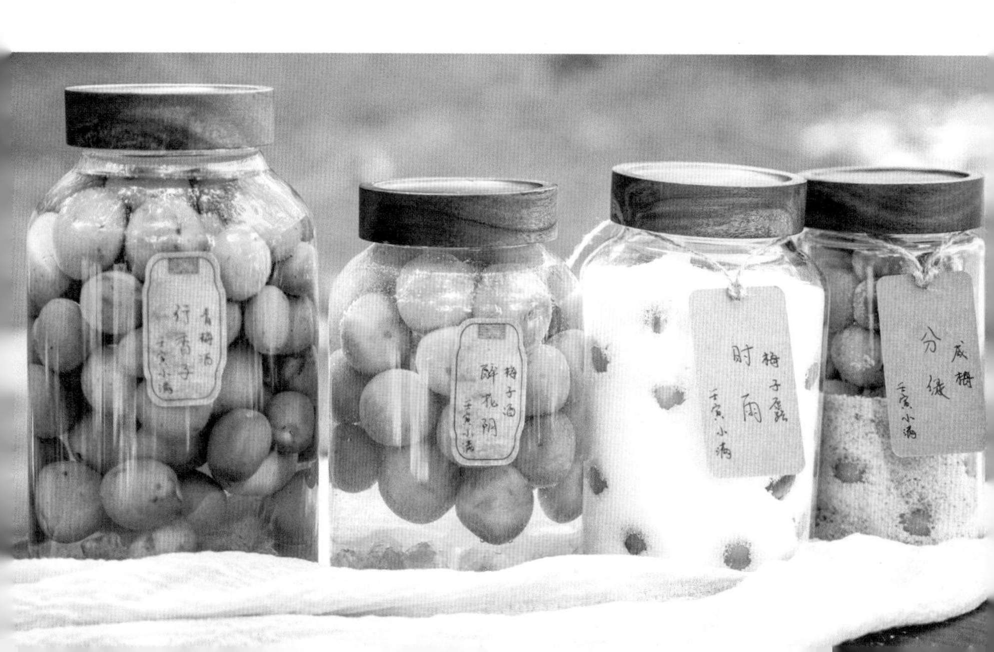

初尝不解回甘味

春风吹，苦菜长，荒滩野地是粮仓。

在古代不同的节令都有“食草”，也便是吃野菜的风俗，《周书》有云：小满之日苦菜秀。此时节该吃的是“苦苦菜”。

苦苦菜，别名“苦苣菜”“取麻菜”等，药名“败酱草”，民间俗称“苦菜”，是一种药食兼具的无毒野生植物，富含胡萝卜素、维生素及多种微量元素，有清凉解毒、明目和胃、破瘀活血等功效。在粮食短缺的饥荒岁月，遍地生长的苦苦菜更是人们果腹的救荒良草。

小满时节食用苦菜，可缓解暑热，益心和血，更是提醒人们食苦思甜，知足常乐。于是便将从山东农家购得的苦苦菜制成凉菜，以此应节。一箸入口，才发觉远没有想象中苦涩，反复咀嚼之后，甚至带着丝丝的甘甜。

这可比另一种常见的苦味菜肴——苦瓜的滋味要好接受许多。

我自小是个“热皮人”，一到夏天身上总火辣辣的，有时会长痱子或红疹，十分难受。家乡的传统养生观念认为，吃苦瓜可以使人凉血，父母亲每常要求我喝苦瓜汤。但第一次尝过那苦涩的滋味之后，我便对它敬而远之，打死不肯再吃。在一根红糖冰棍只要两毛钱的年代，父亲曾开出五块钱的天价引诱我喝一碗苦瓜汤，却被坚贞不屈的我拒之千里。

少时读汪曾祺先生的文章，读到有一个西南联大的同学，是个诗人，他整了我一下子。我曾经吹牛，说没有我不吃的东西。他请我到一个小饭馆吃饭，要了三个菜：凉拌苦瓜、炒苦瓜、苦瓜汤！我咬咬牙，全吃了。从此，我就吃苦瓜了，心中默默敬佩汪先生的接受能力，于我而言，此生怕是不可能出现这种转变的。

大约是去年夏天，出差遇上航班延误，在广州机场候机室里匆匆吃了一顿午饭。用餐时因为一边在阅读小说，胡乱地添了些菜埋头吃着。忽然，一股陌生的味道在舌尖蔓延开来，电光石火间勾起了一抹遥远的记忆，定睛一看，勺子里的红烧鲅鱼，配菜竟然是切成小丁的苦瓜。因着酱油的染色，豆豉味道的掩护，它竟然瞒天过海闯进了我的口腔，更为不可思议的是，那软嫩的口感与淡淡的回甘，竟使我感到惊喜和动心。

我望着这又熟悉又陌生的菜肴，不禁给了自己一记带着欣慰的“嘲笑”。或许，有些滋味是要到了一定年纪或境遇才懂得品尝的，儿时被我嫌弃万分的食材，如今成为餐桌上的常客，那无法下咽的苦涩，竟成了流连忘返的回甘。

小满的菜肴里，我添了一道酿苦瓜，又为旧时光中不吃苦瓜的自己做了一款苦瓜外形的抹茶慕斯，蛋糕中间加入奶油夹心与橙汁啵啵球做成瓜瓤，以求逼真。带着淡淡苦香的抹茶与奶油、果汁融合在一起，是夏日的味道，是小满的风情，更是回甘的念想。

再另辟蹊径，将清苦变为回甘。

绿苦瓜、白玉苦瓜洗净切片，分别加适量清水、牛奶搅打成汁，调和一点颜色，加入少许白砂糖、果冻粉煮开，倒入模具中冷藏凝固。苦瓜摇身一变，成了一枚枚可爱的多肉植物。

分别用牛奶、椰浆搭配果冻粉制成形状各异的“小花盆”，撒上香脆的“营养土”，放入缤纷的“多肉”，用果味粉描一点色彩，装饰甜蜜的巧克力“小石子”。全员可食用的“小盆栽”中，有着淡淡的苦味，层层的香甜，隐隐的回甘。

你瞧，“吃苦”这件事，也可以变得很美好，不是吗？

盈盈心意致时节

小满的风俗之一是“祭蚕”。相传，小满时节是蚕神的诞辰。

“男耕女织”是我国农耕文化的典型，织布所需的蚕丝要靠养蚕结茧抽丝取得，而蚕十分娇养，古人将其视为“天物”，为祈求养蚕有个好收成，江浙一带在小满之际会有祈蚕节，以祭蚕神。

麦糕饼是祭蚕神的传统食品，取麦粉为原料，发酵揉制成蚕茧形状的糕饼。于是遵循传统方法，制作了几枚小巧的麦糕饼，又天马行空地捣鼓了一台棉花糖机，将蒸熟的麦糕饼缠上一层蚕丝般的棉花糖，使其更有几分蚕茧的形态。祈愿蚕神若能看到凡女的这点心意，能在此时节感到欣喜。

因着粤地连日阴雨，难免湿气重，于是取茯苓、芡实、白莲子、

山药干，与排骨一同入汤，熬煮成一锅“四神汤”。温汤入喉，听风过竹林之声，眼波流转间，迎面撞见一阵夏日晚风，雨过天晴。

二十四个节气的名称中，“小满”二字是我最钟爱的，它像是一个乳名，叫人忍不住一遍遍地唤起，这乳名的主人必是一个爱笑的可人儿，眼神清澈，宜喜宜嗔。

小满又像人生哲学。二十四节气中，小暑后有大暑，小雪后是大雪，小寒后有大寒，唯有小满，只有小满。带着少许留白，些微缝隙，不过多的幸福，刚刚好的满足。一如《菜根谭》中所言：花看半开，酒饮微醉，此中大有佳趣。

有风敲窗，伴细雨如酥，天只半晴，却可以想见晴空万里，云卷云舒；榴花在如烟雨雾中生长，因着刚吐蕊，那缕石榴果香才得以随夜风入梦；麦子虽未成熟，可丰收庆典上要准备的菜肴，早已了然于心；青梅才刚入酒，尚未知能否成酿，竟忍不住畅想清夜轩窗前，与知己小酌对月的闲适惬意。

未满，于是有了期待，于是学会了在寻常日子里发掘一些小小的满足，三两浅浅的欢喜。

人生与节气同理，小满，足矣。

端午

菖蒲角黍祈安康

《端午》

明·王越

角黍堆盘酒满壶，
喜逢佳节泛菖蒲。
门高不碍齐公子，
江阔难寻楚大夫。
昔荷圣恩颁彩扇，
今随乡俗佩灵符。
豪华争剪寒皋舌，
谁向丹山问凤雏。

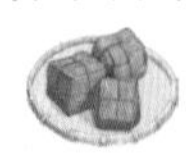

端午节，我国的四大传统节日之一，又被称为“龙舟节”“重午节”“端阳节”“天中节”“浴兰节”等，总计二十多个，是所有中国传统节日中别称数量最多的。在我的家乡人们习惯称呼端午节为“五月节”，是整个农历五月里最隆重的一个日子。

关于端午的起源有许多说法，纪念屈原一说是最为普遍的，此外还有纪念伍子胥、纪念孝女曹娥、源于夏至说等。而汉代的北方古人认为五月是“恶月”，五日是“恶日”，五月初五这日“五毒尽出”，因此说端午节是为了驱邪禳灾而生的。

还有一种传说，端午节最初出现是由于远古先民要选择“飞龙在天”的吉日祭拜龙祖，仲夏时节，苍龙七宿正好高悬于空，呈现飞龙之姿，是祭龙祈福的好日子，这亦是端午节赛龙舟、祭龙神等风俗的由来。

而悬挂艾草菖蒲、饮雄黄酒、采药、沐兰汤、舞龙等也是端午节不可或缺的民俗，人们在纪念祖先的同时，也表达了祈求安康、驱除毒害的愿望。

粽香飘

如此重要的节日，自然少不了样式丰富的传统美食，粽子、茶叶蛋、五黄、十二红等都在端午节必备的食品清单上。

其中，最具标志性的美味自然是粽子。据史书记载，吃粽子的习俗源于春秋战国，初衷是为祭奠屈原。春秋时期的粽子是用菰叶，即茭白叶裹黍米，包成牛角形状的，故称为“角黍”。东汉末年，开始以草木灰水浸泡黍木，包裹成四角形，是广东碱水粽的雏形。到了晋代，粽子被正式定为端午节食品，食材开始出现除黍米以外的其他辅料。发展至唐代，无论从形态还是选料上，都变得丰富多彩起来，苏东坡的诗句中更有时于粽里见杨梅的描写。

时至今日，端午节食用粽子的习俗盛行不衰，且已流传到日本、朝鲜及东南亚诸国。而随着全国各地饮食习惯的差异，粽子也出现了多达上百种的品种与风味，呈现出北甜南咸的格局。

今年制作了几种口味的粽子，并以不同包法区分之。

立夏时制作的咸鸭蛋正好腌制完成，油香醉人，恰好用来制作咸味粽子。以四角粽的传统包法，做了海鲜粽与潮式肉粽。海鲜粽里的糯米用特调的海鲜汁浸泡过，加入提前焖煮好的鲍鱼与五花肉、刚开封的咸蛋黄，以虾米、瑶柱提味；潮式口味的粽子里，用五香

粉、生抽调和糯米，撒了花生，裹上香菇、鲜肉、咸蛋黄、甜卤的鹌鹑蛋等。

挑战了几种从前没有做过的新奇粽子，炒制了玫瑰豆沙与奶香芋泥馅，搭配甜糯米制成“无绳粽”；以芦苇叶裁条编制成“魔方粽”，包裹成蛋黄鲜肉绿豆板栗的口味；“竹筒粽”里依次加入了蜜红豆、五色糯米与蜜枣等。

谷雨时节，用新鲜桑葚熬出的果酱酸甜怡人，于是又以分子料理的方法将它做成爆汁果球夹心，搭配椰汁白凉粉凝成的外皮，制成了果香清新的水晶粽。

“七星粽”是每年端午必备的“彩蛋”，七颗咸蛋黄与两片腌制入味的五花肉，包裹出满满的饱足。

煮好的粽子形态各异、口味多样，又蕴含着前两个节气留存延续的风味，就当是专属于端午的可爱惊喜吧！

乡味长

传统节日里少不了备上一点家乡口味，以解那遥不可及的乡愁。便揉面、剪花、炸制了麦花、熬煮了印花茶叶蛋，聊慰诸暨人的思乡情；制作了抹茶与松子口味的传统粽子糖，给那些不可再现的童年时光。

而我的家乡潮汕地区，有“清明食叶，端午食药”的说法。这一味“药”，指的便是端午节用中药黄栀子制成的“栀粿”。栀子打碎煮水取汁后，与糯米粉拌成粉浆，传统的做法还要烧草木灰加入一起搅拌。调好的粉浆倒入模具中，蒸熟后制成的粿品，便是栀粿，也称为“栀粽”。黄栀子有清热泻火、解毒凉血、助消化的功效，在阳气最盛、五毒滋生的端午节，潮汕人将食用栀粽称为“吃壮”，寓意吃完身体强壮。吃法非常特别，由于太软不好刀切，食用时需取一根干净的棉线勒紧切割，蘸白糖吃，吃一片割一片，带着淡淡栀子味的粿品口感软糯，久嚼回甘。

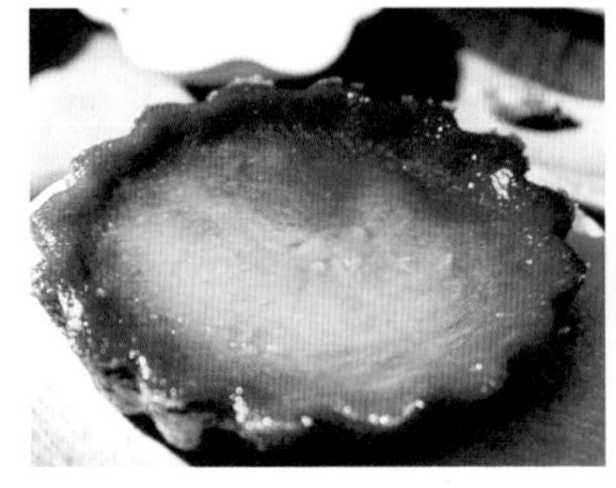

母亲很爱吃栀粿。儿时，她在家中绣花，正巧有小贩从巷子口经过，叫卖栀粿。母亲赶忙放下绣绷，跑出门买回一块，以绣线切割后送到我嘴边。我一口咬下，只觉得满口奇怪的味道，勉强吞下，从此敬而远之。但见母亲吃得津津有味，十分困惑，不知美味从何而来。今年栀粿蒸熟时，鼓起勇气吃了一大口，儿时无法体味的药香，终于在我口腔得到了它该有的赞赏。

而此时的滋味，又何尝不是因为想念家乡，才变得动人呢？

祈安康

谷雨时节晒下的牡丹花瓣一直存着，缝制香囊时，正好用它混合干艾草末作为填充。佩戴于腰间，并搭配五色绳绑上的葫芦与祈福桃符一同绑在艾草菖蒲上，悬挂于门前，带着四时的祝愿，祈求安康。又将雄黄酒洒于山间，以驱除虫害。

心中默默祈求家人安康时，耳畔仿佛传来一声隐隐的敲桨声。

童年的记忆中，端午这天是从小河旁传来的锣鼓声开始的，龙舟在喝彩声中下水，整个河面被船桨与人们的激情搅得几乎沸腾。

待到傍晚龙舟竞赛落下帷幕，大人纷纷到“龙头”求得一根“龙须”，戴在孩子们的手上，以保平安。

那时候并不太懂得传统风俗蕴含的意义，不关心究竟哪一队取得了胜利，也不那么喜爱粽子和栀粿的味道，只知道这一日热闹非凡，我们像脱缰的野马从河堤的开端跑到尽头，吃遍了每一个小吃摊，冬瓜茶、橘子冰的味道弥漫在炎热的空气中。而今年岁渐长，慢慢懂得了敬畏，体会出了传统文化的魅力，悟得了端午被赋予的家国情怀、赤诚之爱。于是便学着父母辈的做法，制作传统美食，举行家常的祈福仪式，试着去亲近古老的智慧。

也许有了传承，那些因为时光而产生的距离，便不复存在了。

“端”字有“初始”的意思。

愿今日起，一切灾病远去，苦硬的日子开始熬出香甜。

愿五色绳缠住每一寸不被偷走的时光，万物太平，无忧无患。

端午安康。

仲夏一梦绿生凉

《时雨》

宋·陆游

时雨及芒种，
四野皆插秧。
家家麦饭美，
处处菱歌长。

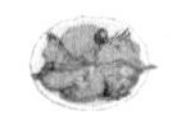

连雨不知春去，一晴方觉夏深。

转眼间，已经到了夏季的第三个节气，芒种。

《月令七十二候集解》有云：五月节，谓有芒之种谷可稼种矣。

芒种后气温明显升高，雨量充沛，十分适宜农作物的播种，而在北方地区，小麦已是颗粒饱满，于农事生产上，必须抓紧时间抢种作物、收割小麦，因此“芒种”也被称为“忙种”，有“芒种不种，再种无用”“栽秧割麦两头忙，芒种打火夜插秧”等民谚，其在农人心中的重要性可见一斑。

中国古代将芒种分为三候：

一候螳螂生。

螳螂产于前一年深秋的卵因感受到阴气初生，破壳生出小螳螂。

二候鵙始鸣。

据传“鵙”指的是生性喜阴的伯劳鸟，此时节它们开始在枝头出现，日暮时声声鸣唱伴晚风。

三候反舌无声。

能学百鸟鸣叫的反舌鸟此时反而安静了下来，大约是感受到了夏意渐浓，春去无声。

这是一个忙于耕种的节气，也是一个充满夏日风情的时节。

骤雨初歇时，繁星落平野，一溪云过处，晚风凉枕簟。

熏风缓缓，烟雨绵绵，南方种稻，北地麦收，栀香盈盈，榴花赤赤，四野青青，蝉鸣切切。

此时节民间有送花神、煮梅、安苗等风俗，饮食上宜清淡，应多食瓜果。便以几缕花果香，几味时令菜，煮梅对竹饮，酒香中酣眠，同作仲夏梦里人，不负浮生不负心。

归去只为再相逢

夏季的日光长得像一场想念。炽热、浓烈、令人无所适从。

漫浸其中的墙外青山被层层叠染出碧色，院子里的草木也疯长得葳蕤。它们以繁茂的姿态回应着，仿如用光阴写下的一封回信。这信里定然提到了对春天的依依惦念，对百花的恋恋不舍。

已是农历五月，群花凋零，传说中掌管百花的花神就要归位，待到来年再重回人间。为了感激花神为春天带来的姹紫嫣红，旧时

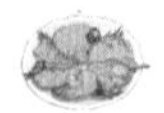

民间在芒种这日会举行“送花神”的仪式，为花神践行。

这是一个十分浪漫的仪式，尤其是对从前的女子而言，送别花神时一朝春尽红颜老的顾影自怜，一季春里托付的缱绻心事，不知明年春来再聚时，可还如今日？

大观园的众女儿结局多为零落，但芒种送花神那日，她们还是那样的绰约多姿、楚楚动人。

至次日乃是四月二十六日，原来这日未时交芒种节。尚古风俗：凡交芒种节的这日，都要摆设各种礼物，祭奠花神，言芒种一过，便是夏日了，众花皆卸，花神退位，须要饯行。然闺中更兴这件风俗，所以大观园中之人都早起来了。那些女孩子们，或用花瓣柳枝编成轿马的，或用绫锦纱罗叠成千旄旌幢的，都用彩线系了。每一棵树上，每一枝花上，都系了这些物事。满园里绣带飘飘，花枝招展，更兼这些人打扮得桃羞杏让，燕妒莺惭，一时也道不尽。

《红楼梦》第二十七回里的这段描述，写出了这一日的热闹生趣，使人不禁遥想那些妙龄女子当时的活泼俏丽，闭月羞花。而多愁善感的潇湘妃子送别花神的方式别具一格。她将落花葬入泥中，泪眼蒙眬地留下悲情浓烈的《葬花吟》。这应该是将女子的年华与百花的花期视为一体的最美表达了，至今读来，仍不禁动容。

可惜今人已少有送花神的仪式，我们只能在遥远的记载中，体会那不属于现实世界的浪漫与诗情。今日便仿着旧俗，备了些来自家乡的潮绣彩旗、织花绣带，系在花枝树干上，期盼来年花神再临，姹紫嫣红。而此时身处的仲夏，那群花谢后深深浅浅的绿意，却又是另一番生机与美好。

果酸麦香心清凉

假如用一种味道来形容夏天，我想应该是——酸。属于果实的酸味，带着清冽的香，纯粹的烈。

恰好两位发小先后发来信息，问我为何不做潮汕拖李？那可是代表潮汕夏天的味道呀！

酸梅汁与各色水果一同装进瓷缸，再加入熬煮好的甘草水、白砂糖，这看似并无直接关联的食材被手法娴熟的潮汕人“拖”在一起，交汇融合出令人口齿生津的酸甜咸甘，彼此成全又相得益彰。咬上一口，爽脆的口感，独特的香气，丰富的味道，足以令整个夏天难以忘怀。

于是选用三华李、青李子与脆桃，做好满满一盘，伴着斑驳的树影一口口品尝。偶尔被酸得皱眉，但当熟悉的味道在唇齿间一次

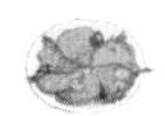

次回荡，又仿佛瞬间将我带回从前村口的大榕树下，细密的树影印在青色的李子皮上，是记忆留在岁月中的暗号，以味道为引子，待重逢时对接。藏在时光里的关于童年夏天的美好，被此时的我悉数领取了。

而提到夏季的酸味，梅子自然是要占一席之地的。一场江南烟雨后，颗颗黄梅在处处蛙声中果熟蒂落，正解蹙人眉。仲夏芒种时，本就有煮梅的习俗，这一习俗历史悠久，早在夏朝便已有之。

梅子含有多种天然优质有机酸和丰富的矿物质，具有降血脂、消除疲劳、调节酸碱平衡、增强人体免疫力等保健功能，格外适合此时节食用，但因梅子大多味道酸涩，难以直接入口，民间便有了煮梅的做法，一说是源自“青梅煮酒论英雄”的典故。

今年选用了胭脂梅，微黄带粉的颜色十分喜人，如粉妆笑靥，花容微醺，带着三分羞涩，三分娇弱，虽只初见，已是铭心。于是

为其搭配了香气淡雅、清澈澄明的白葡萄酒，一同入锅，佐以黄冰糖调味，熬煮成果香清爽、酒香馥郁、酸甜适口的甘梅露。冰镇后食用，无需引扇，心自微凉。

芒种时节，北方的麦子已到了丰收的时候。

广袤的土地上，金灿灿的麦穗沐浴在夏日的阳光下，璀璨着令人欣喜的光芒。

麦子这种家喻户晓的重要粮食，对于儿时的我来说并不常见。印象中第一次尝到麦子，应该是在小学二年级。

那时候镇上的码头时常会停靠一些运载粮食的大轮船，邻居的阿叔正好在码头工作，常能得到船员送的散装麦子，多的时候能装满大半个麻袋。

我们这些街坊邻居近水楼台的得了不少，可最开始并不知道怎

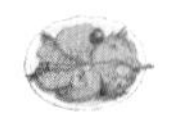

么烹煮，不得要领的加水煮了半天，仍是夹生硌牙，品不出什么滋味，以致我们一度认为麦子除非磨粉，否则不能食用。

那一日正午，猛烈的日头晒得石板巷子烫脚，我拎着书包逃也似的跑回家，刚到门口，一股新奇的香味便扑鼻而来，带着一丝甘甜，淡淡清醇。

迫不及待地进了家门，只见母亲正将高压锅里的美味盛到碗中，见着我一脸期待的样子，笑道："我把麦子放到高压锅里，加白砂糖和水焖成甜粥了，闻着挺香的。"

清甜馨香的味道，绵软粉糯的麦芯，柔韧回味的麦皮，神秘而奇妙的口感和滋味，我一直惦念至今。

芒种有尝新麦的习俗，今日也买得了些许，放在日头底下晒干了水分，金灿灿的小颗粒使人不由得满心欢喜。只可惜已无法向母亲打听那甜麦粥的配方，便将这陌生有熟悉的粮食，制作成一道家乡的风味小食吧。

将磨好的麦粉搭配熟芝麻、熟花生碎、冬瓜糖、砂糖、鸡蛋、清水等调成麦糊，入锅慢火煎烙，直至两面金黄，便成潮汕麦粿。外酥里嫩，香甜怡人，是家乡的熟悉滋味，更是时节的慷慨馈赠。

不知家乡的码头可还停泊着运粮的轮船，也不知邻居阿叔可还认得我的模样，而此时，新麦余留的味道从石磨中轻轻飘出，带着谷物的馨香，丰收的动人，仿佛还有那年夏天，日头暴晒过的灼热的气息。

草木光阴自钟情

广东人常说“防苦夏，多吃鸭”，闷热困乏的夏天，食用肉类的首选非鸭子莫属，鸭肉味甘、性凉，能补虚、消毒热、养胃、利湿、健脾补虚，还含有丰富的蛋白质，古今皆是滋补养气的佳品。选用了樱桃谷鸭胸肉，取粗盐与红花椒粒炒制成椒盐，涂抹腌制，冷藏入味后调卤汁焖煮，制成一道“盐水鸭”。鲜嫩不腻又咸香怡人，不失为补夏佳肴。

美食之外，再造一帧好景。鸭肥肝泡入牛奶中去腥，低温煮熟，放入冰水中冷却，加淡奶油搅打成泥，调味后挤入模具中冷藏定型。脱模后用隔水融化的白巧克力包裹一层脆壳，扫上少许食用珠光粉，鸭肝化身白珍珠。糖制的贝壳稍加润色，加入珍珠糖，放上珍珠鸭肝，一枚含珠之贝便完成了。铺一层饼干磨成的海底沙地，放上用

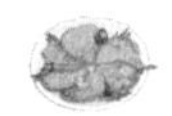

糖制成的小伙伴们，组合成斑斓多彩的海底世界。在静看潮起潮落的海滨城市，每一枚贝壳里都藏着大海的心事，在等待一次邂逅，开启一份心动。

除酸味以外，芒种也适宜食用瓜菜。

此时正值青瓜的成熟期。口感嫩脆、汁水丰富的青瓜可以补充夏季里身体流失的水分，与蒜泥搭配在一起凉拌还可以增强食欲。于是便将青瓜刨成薄片，卷成小卷，加入蒜泥与小米辣，淋上生抽与陈醋，浇上一勺热菜籽油，清脆的噼啪声中，“响油青瓜”得成，不禁食指大动。

吃君踏菜是芒种的传统习俗。作为芒种节气的时令蔬菜，君踏菜有清热解毒的作用，民间更是有吃了君踏菜夏天不会生痱子的说法。将虾米、瑶柱、腊肠、肉末、香菇、芋头炒制成馅料，取大片

的君踏菜叶烫熟后为皮，包裹成“君踏菜包”，蒸熟食用，口感丰富，回味悠然。

晚风传来阵阵清凉的香气，院子里的几盆薄荷长得正好。起初种植薄荷是因为它气味芳香，可用来冲泡饮品，装饰甜点，后来读古籍，得知其叶、茎、根均可入药，有疏散风热、清利头目、利咽透疹、疏肝行气的功效，能治疗因风热上攻引起的头痛眩晕，还能缓解暑热湿气造成的中暑症状，可谓清凉一夏的家常良药。

以清远鸡熬汤，汤成时撒入一把薄荷嫩叶，开胃清凉又芳香馥郁的“薄荷鸡汤”可消暑滋补。又取较为厚实的薄荷叶洗净晾干，与端午时留下的艾草一同打磨成末，拌入橄榄油，隔水蒸两个小时，用滤网取油去渣，加入土蜂蜡隔水融化，倒入消毒完成的小罐子，凝固后便成为纯天然无添加的“艾草薄荷膏”。夏季涂抹可驱蚊止痒，感冒发热时用来推经活络，还可以治疗浅表层的伤口。以家中

草木为主料制成天然清凉膏，既实用又充满趣味，可算作大自然给予的夏日馈赠。

倏忽间，想起汪曾祺先生的话：一定要爱着点什么，恰似草木对光阴的钟情。

时雨及芒种，四野皆插秧。家家麦饭美，处处菱歌长。

陆游的这几句诗与柳永词作中的羌管弄晴，菱歌泛夜我都格外喜爱，因此我的长篇小说《暮雪长歌》的女主人公便叫“魏菱歌”。

浩如烟海的古诗词写尽了四时的变幻，而世间的许多美好本就藏在四季流转中。

农家争分夺秒的忙着插秧，清风送来远处湖面的采菱歌与羌管声，忙碌的光阴瞬间便缓慢而闲适了下来。

大自然与人世间有着同样的哲理，适时播种，方期有成，一张一弛，经久不衰。

愿君似稻向阳，忙而不茫，如麦丰收，忙有所偿。

夏至

闲坐清风里，昼永情深长

《夏日三首·其一》

宋·张耒

长夏村墟风日清，
檐牙燕雀已生成。
蝶衣晒粉花枝舞，
蛛网添丝屋角晴。
落落疏帘邀月影，
嘈嘈虚枕纳溪声。
久斑两鬓如霜雪，
直欲渔樵过此生。

夏至，夏季的第四个节气。

《恪遵宪度抄本》解释道：日北至，日长之至，日影短至，故曰夏至。至者，极也。

古人将夏至分为三候：

一候鹿角解。

鹿的角朝前而生，属阳，夏至阴气生而阳气始衰，所以阳性的鹿角便开始脱落。

二候蝉始鸣。

雄性的知了在夏至后感阴气之生鼓翼而鸣，不绝于耳。

三候半夏生。

半夏是一种草药，生性喜阴，生于夏之半的沼泽或水田中，故得名。在炎热的仲夏，半夏之类的喜阴生物开始生长。

据记载，夏至是二十四节气中最早被确定的节气，古时是“四时八节”之一，又名“夏节”“夏至节”。宋朝时，夏至还是官方节假日，这日起百官放假三日，与亲人团聚畅饮，以避炎夏酷暑。清代之前，夏至仍被视为“国之大典”，全国放假一日，名曰“歇夏”。

夏至的习俗丰富且趣味十足，从周朝起便有夏至祭神的习俗，南方祈晴，北地求雨，皆是五谷丰登之愿，有些地方至今仍保留这一习俗。因着是古时的重要节日，从前江南地区还会举办隆重的“夏至宴”，唐代大文豪白居易有诗曰：忆在苏州日，常语夏至筵。粽香筒竹嫩，炙脆子鹅鲜，不难想见从前夏至盛宴上的觥筹交错，美食好景。

古时，女子们还会在夏至日互赠折扇、脂粉等。《酉阳杂俎·礼异》记载：夏至日，进扇及粉脂囊，皆有辞。借扇引凉，脂粉抹身，既可散体热所生浊气，又可防长痱子。

食俗上，民间有吃“夏至面”“夏至饼”的习俗，取“喜尝新麦，庆祝丰收”之意。盛夏的起点，日常饮食上自然是以清凉消暑为主。夏至前后，人们普遍会食用清补凉汤、凉茶、酸梅汤等来热解暑。这使我不由得惦记潮汕地区夏日里不可或缺的消暑良品——草粿与豆腐花，乡音亲切的叫卖声从时光深处远远传来。新鲜上市的荔枝亦是夏至必尝的美味，于是今日便用乡味与鲜果，伴几道应节小菜，款迎夏至。

半露冰肌玉不如

时光的齿轮回转到一千多年前的唐朝，数千里长的官道上，每隔五里、十里便设有驿站与望台，驿卒与公人们反复检查着鞍具与马匹，紧张的气氛使得他们甚至顾不得擦拭匆忙饱餐后油腻的嘴角。

少顷，一阵马蹄声隐隐传来，不消片刻已近在咫尺，忽闻一声呼喊：“驿马到了！”

方才一片肃穆的驿站瞬间忙碌起来，驿卒迅速牵出蓄势待发的接力马匹，公人接过刚刚到站包裹严实的竹筐，眼疾手快的驿卒忙不迭地帮他绑在身后，带子方才系紧，公人早已跨身上马，扬鞭疾驰而去。

马蹄扬起的滚滚烟尘在蜿蜒崎岖的道路上层层晕染，几乎淹没了骏马的身影，唯有马蹄声不绝于耳。数千里路云和月的追赶，终于飞驰而入华清宫的千重山门，打开那风雨兼程的包裹，竹筐中的鲜果风枝露叶如新采，玉手轻剥，绛纱囊里弹出水晶丸，似玉清澈，胜雪洁白，汁液清甜，果肉鲜香。美人终于莞尔一笑。

每年荔枝上市时，总要重温历史上关于此物最有名的故事。

唐朝时被称为“百果之中无一比”的岭南佳果，的确是每年夏天翘首期盼的美味。幸而生于现代，物流一日可达，不必驿马辛劳，南北方皆可品尝到当季的佳味。

夏至吃荔枝是南方人由来已久的习俗，有谚语曰“夏至食个荔，一年都无弊”。今年得到的第一筐荔枝是“妃子笑”，陆续又收到“白糖罂”“桂味”与“海南荔枝王”。这可人的果子最大的缺点是

容易变质，白居易在《荔枝图序》中写道：若离本枝，一日而色变，二日而香变，三日而味变，四五日外，色香味尽去矣。

须得趁着新鲜，将其做成各式的美食，才不辜负这稍纵即逝的鲜美。

去年在一家江南馆子里尝到一盏“玫瑰荔枝红茶”，馥郁沁人的玫瑰幽香与清甜怡人的荔枝果香相遇，结伴融入浓醇醉人的红茶里，当即令我倾心不已，顿觉满桌宴席为之失色。那花果相许的奇妙香味实在难忘，于是今年荔枝到时，首先想到的便是用家中的平阴玫瑰干花与荔枝结合，做一些适合夏天食用的美味。

荔枝去核取肉，放入杯中压出果汁，分别用玫瑰花瓣、荔枝果肉榨出的果汁同白凉粉煮出玫瑰凉粉液、荔枝凉粉液，用模具冻出

可爱的双色凉粉球，而后便是层层搭配，两相融合，制成晶莹剔透的“玫瑰荔香杯”。既有荔枝的肤若凝脂，又有玫瑰的粉颜娇嫩，花果香的比例恰好平衡，白凉粉的口感清甜爽滑，齿颊留香，满心芬芳。

去核荔枝挤入酸奶，点缀上各色水果，入冰箱冷冻。玫瑰花瓣与淡奶油打发而成的瑰香奶油做底，放上冻好的荔枝搭配成“瑰香酸奶荔枝冻”。一口入喉，暑热消散，唯有一片清凉与鲜香，在口腔中萦绕荡漾。

又将新鲜虾肉剥壳后剁成虾泥，搅打成馅，包入一小块车达芝士，裹上红色的脆花粒，油炸成形似荔枝的“芝心荔枝虾球”。酥脆的外皮下，鲜嫩的虾肉与咸香的芝士，多重味道，口感丰富，是“荔枝菜肴”中的经典之作。

几道荔枝主题的菜品，或形似，或味浓，令如斯夏日蜜香动人。

故乡心事藏味中

“草粿……豆腐花……”

叫卖声自巷弄深处传来，悠远而响亮。通常会是在暑假的午后，两三点钟的光景。

孩提时的我们本正慵懒地赖在竹席上取凉，昏昏欲睡间闻得此声，立即翻身而起，抱着自家的大瓷碗冲出家门，竖起耳朵搜寻着叫卖声传出的方向。有时候跑过了两三条小巷，听着那声音渐行渐远，急得直跺脚，幸好有买完归家的小伙伴“指点迷津”，才在屋后的大巷里找到美味的源头。

那是一辆老式的二八自行车，车子两边各绑着一个大竹筐，筐里各有一个盖着盖的大木桶，一桶是草粿，一桶是豆腐花。贩夫是一位皮肤黝黑的清瘦老伯，头戴草帽，白色的确良上衣已经被汗湿透，黑色长裤上还有尘埃的痕迹。你可别小瞧他，这可是童年夏日里我们眼中的“男神”呀！

打开木桶盖，草粿独特的香气扑面而来。一边把碗递给老伯，一边探头去看木桶里的草粿还有没有剩下表面的草粿皮，那是不可多得的精华。老伯看出我们的心思，每每都会在碗头片上一块草粿皮，撒上一勺乌糖粉，再送回我们手中。

绕到车子的另一边，水嫩嫩的豆腐花散发着满满的豆香味，勺子轻轻一碰仿佛就要化水似的。豆腐花通常搭配的是白砂糖，嗜糖的我每次都会请老伯多加一勺，明明家中有糖，可总觉得老伯碗里的白砂糖要更甜一些。

捧着那两碗解暑宝物小心翼翼地走回家，进了门，连忙坐在地板上开始享用。一口草粿一口豆腐花，叠加成为儿时夏日里最美味而美好的时光。

已经许多年没有回过故乡了。倒不是因为故乡远不可达，而是高楼与水泥路早已替代了孩提时的稻田与小径，林立的商铺间很少再见走街串巷叫卖的小贩。小伙伴们有的也已远离家乡，儿童相见不相识，不是归人已是客，因此总觉近乡情更怯，便也很少回去。

年岁渐长，童年钟爱的滋味每常在舌尖泛起，尤其到了夏至这一日，对于草粿与豆腐花的惦念已经满溢出怀。于是从网店购得家乡的草粿草，依着传统的方式洗草，加食用碱熬煮、过滤，再用清水融化好的番薯粉水搅拌煮开，随后倒入容器中等待凝固。用泡了一夜的黄豆打磨成浆，过滤后煮开、点卤，静置等候。

草香与豆香热烘烘的弥漫在屋子里，也氤氲了我的心头。

怀着忐忑的心揭开木盖，时光的脚步瞬间又往后倒退了数十里。草粿与豆腐花均已凝固成功，黑白分明，摇晃间或柔韧或水嫩，皆是动人。用复古的不锈钢扁勺片起一层草粿，撒上满满的乌糖粉，草粿的甘苦与乌糖粉的甜香合二为一，咀嚼间，草粿独特的草香味缓缓充盈口腔。虽然与龟苓膏、仙草、黑凉粉外形相似，但草粿的口感少了水滑，多了脆韧，一口口都是时光里经久不衰的最熟悉的味道。连忙再舀出一碗豆腐花，加入两大勺白砂糖，豆腐花的水嫩与砂糖的颗粒感结合在一起，软滑中带着沙沙的质感，是我最喜爱的口感。

不知怎的，喉头忽然哽咽了。

味道就是有这样一种神奇的功能：它像一枚箱椟，为人们储藏记忆；又如一味药引，帮人们唤醒记忆。在这炎炎夏至的午后，这两味故乡夏日里的解暑美食，仿佛带着我穿过时光隧道，重回了一次故乡。而我想，学会了制作古早的故乡食品，也许就能让我们在远方的日子里多几分归属感，使得他乡似故乡。

白日放歌情深长

盆中用新麦粉揉成的面团已经醒好，加艾草水与清水揉出两色面团，制成“梅干菜肉末夏至饼”与“芝麻白糖艾香夏至饼”。

提前一夜冷藏好的面团此时柔韧适度，拉出的面条筋道爽滑，搭配青瓜丝、胡萝卜丝、豆芽、蛋丝与鸡肉丝，拌上生抽、陈醋与

辣椒油，制成“夏至面”。

用乳鸽两只，加入红莲子、百合、玉竹、芡实等，熬煮成清凉滋补的“清补凉鸽子汤”。伴着几道荔枝制成的菜品与两款家乡消暑甜食，一桌家常夏至宴得成。

暮色四合时，想起刚收到的几两白茶，于是又剥了几颗妃子笑，与白茶同入壶中，烹成一壶清甜芳香的“荔枝白茶饮”。比起“玫瑰荔枝红茶”少了几分浓郁，添了一缕清爽，更适合炎炎夏日于清夜中细尝。

席上无酒，恰好此时节栀子花盛放，朵朵同心，开在帘垂处。捻几朵养在汝窑瓶子里，置于案上，孤姿妍外净，幽馥暑中寒。小

扇轻罗，花香盈袖，比酒香更为醉人。

伴一缕花果芬芳入眠，连拂过梦中的清风，都带着沁人的甜香。

夏至日过后，宵漏自此长。

作为一年中白昼最长的一日，许多美好的事物都在今日恰逢其时地相遇。光至明远，情至深长，立杆无影，炎曦洋洋。于是有人说，夏至是全年里最富诗意的一天。这从古书文献中可见一斑。古人在避暑的日子里有各式各样风雅之事，有“竹醉日”“观莲节”，或乘一叶扁舟于日暮时荡漾莲池，或与好友共赴一场夏宴，或竹床高卧于葱茏山林，或月夜檐下抚一曲清音。推杯换盏之中，早已忘却夏日苦热，充满闲情的豁达心境，使得烦闷的夏至也变得浪漫了起来。

捡一缕时间的缝隙，在这漫漫夏日中为自己留几分清闲吧，赏时雨潇潇，闻蝉鸣声声，轻摇羽扇，且听风吟，哪怕只有淡茶半盏，花香几缕，也可抵俗世匆忙。

何以消烦暑，端坐一院中。

眼前无长物，窗下有清风。

祝盛夏清爽，且慢，且慢。

《咏廿四气诗·小暑六月节》

唐·元稹

倏忽温风至，因循小暑来。

竹喧先觉雨，山暗已闻雷。

户牖深青霭，阶庭长绿苔。

鹰鹯新习学，蟋蟀莫相催。

盈盈热浪中，夏季的第五个节气，小暑，如约而至。

院子里的几杆翠竹在山雨欲来的风中声声喧闹，沉闷闷的三声惊雷自远处的海面传来。倏忽一阵雨落，倒像是酝酿了许久的一次释放，滴滴打在阶前新长的青苔上，瞬间激起一片白茫茫的热气，氤氲了临山的一面疏窗。

果真是伏天将至的时节，鼻息间的空气都是热乎乎的，怪不得《释名》曰：暑，煮也。热如煮物也。

古人将小暑分为三候：

一候温风至。

小暑时节大地上吹来的每一丝微风，都带着热气。

二候蟋蟀居宇。

由于炎热难耐，蟋蟀纷纷逃离田野，到庭院的墙角下避暑。

三候鹰始鸷。

就连老鹰也因地面气温太高而飞往清凉的高空躲避酷暑。

民间也有“小暑大暑，上蒸下煮”之说，虽未到一年中最热的时候，但上无纤云，下无微风的天气，仍令人如坐深甑遭蒸炊。苦夏的人们此时当如李渔所言，应夏藏，闭门谢客。

旧时南方有小暑“食新”的习俗，即在小暑过后尝新米。农民将新割的稻谷碾成米，煮好饭，供祀五谷大神与祖先，而后佐新酒一杯，与亲人分食。北方地区有头伏天吃饺子的传统，饺子的外形神似元宝，蕴含“藏福”的寓意。

夏至，人们容易缺乏食欲，适宜吃些开胃解馋的食物。因着江南的烟雨连绵不绝，今年杨梅采收的时间延后了不少，高海拔山地的果子恰好在小暑时节收成，友人千里相赠鲜果，大如乒乓，其情深厚，其果酸甜，将夏日烦闷消散了大半。又逢夏花三白开得绚烂，为炎夏添了几缕清冽淡雅的馨香。于是便将杨梅做成几样解暑馔食；以花香入脂，制成古法香膏；伴以“小暑三宝”做成的应节菜肴，邀南风同滋味，换小暑一丝凉。

遥念杨梅烟雨中

夏季日头长，散学归家时太阳还未下山，匆忙丢下书包，在早已等在巷子口的小伙伴们急切的呼喊声中，趿上拖鞋，往小溪边跑去。

傍晚退潮后的溪岸上露出妇人们日常浣衣的一排排岸石，我们顺着花岗岩往下走，将脚脖子浸泡在冰凉清澈的溪水里。河对岸的香蕉林在暮色四合中渐次晕染出一片深绿色，搞怪的小伙伴开始讲述一些关于林子的奇闻传说，神秘骇人的语气引起听众的一声尖叫，声音未落，一场水仗早已拉开序幕。连恰好路过的晚风也没看清究竟是谁先动的手，只知道伴随着惊叫与笑闹声，每个人都由头到脚湿了遍。

夕阳绯红的影子终于在河面上停止了荡漾时，各家的炊烟也已袅袅。

那一回，我嘴里叼着路上买来的冰棍，拖着湿哒哒的裤腿回到

家，心想着母亲必定会严厉批评我一通，毕竟儿时我险些溺水的经历，她不时会提起以作警示。但那日到家，只见母亲自顾自地笑着，将一个小筐递到我面前，说道："今天我出去买杨梅，小贩称了一下说四块九毛钱，我随口说了句'四舍五入就算四块钱吧'，他也便答应了。回家路上才想起来我搞错了，想再拿几毛钱去还，他早就推着车走了。"随后自嘲的叹息道，"你说我这数是怎么算的！"

绿油油的叶片下，藏着一颗颗由鲜红至紫红晕染的小果子，十分可爱。母亲将杨梅拿盐水泡了一会儿，倒了一小碟酱油，我便将沥干水后的杨梅蘸着酱油吃。这是潮汕人的独特吃法，看似不可能有任何联系的两样食材，却能搭配出奇妙的美味。酱油的咸鲜中和了杨梅的酸涩，并激发出更深层的甘甜，舌尖上满是酱香与甜蜜。

那天，因着小贩少赚了九毛钱，我不仅少挨了一顿骂，还吃到了那年夏天的第一筐杨梅，隔着这么多年的光景，记忆犹新。

说来也怪，离开家乡之后，我一次都没买过杨梅，大约由于果期较短，日常也不多见，所以每每错过。最近一次品尝到这"果中玛瑙"还是前年旺苍的"同心树人"之行，来自北京的老师尝到杨梅鲜甜，特意给我留了一小碟，那时候的滋味中夹杂着对特殊儿童的关爱与投身公益的憧憬，更是铭心难忘。

今年夏日一到，便心心念念要尝上一回。累累红果缀于层层碧叶之间，沐浴在朦胧烟雨中，淡淡的果香随风飘至漫山遍野，也飘进我遥远的梦里，真真只恨不在此山中。

最先购得的是产自潮汕地区的"西胪乌酥杨梅"，凸蒂的造型俏皮可爱，深紫的色泽、酥脆结实的果肉，是家乡独有的风味。将乌

酥杨梅与苦瓜一同入锅熬煮，只加适量黄冰糖，不入一滴水，制成潮汕小众吃食“杨梅苦瓜”，乌黑发亮的成品虽颜值不高，但尝过之人无不爱之，真是不得不佩服潮汕人吃水果的创意。

为怕错过果期无缘品尝，将一小部分杨梅真空封存，一小部分冷冻保存，可让鲜味延续多一些时日。

烟雨时节在潮汕地区缓缓落下帷幕，却在千里之外的江南延绵不绝，雨水制造的时间差，恰好延长了高海拔山地的杨梅果期。

友人购得大名鼎鼎的“仙居东魁杨梅”相赠，一个个大如乒乓，品相极佳，色彩动人，核小味甜。不愧是产于“仙人居住”之地，又带着浓浓的情谊与惦念，品上一枚，烟雨入心，暑气消散，惬意舒爽。

网购了“余姚水晶杨梅”“慈溪荸荠杨梅”，果色各异，风味不同，使得炎炎夏日果香盈人。

为怕果实变味，忙趁新鲜将各色杨梅做成各式馔食。去核果肉加入冰糖熬成甜蜜黏稠的杨梅果酱，奶油奶酪与淡奶油打发时加入一勺，拌成雪糕酱，入模时挤上一些果酱做夹心，冷冻成型后裹上巧克力酱，点缀装饰，制成各色杨梅雪糕。

以食用炭黑粉、面粉与鸡蛋调出蛋糕糊，烤成蛋糕坯，裹上原味奶油与杨梅奶油，做成“竹炭梅香蛋糕卷”。

两色杨梅煮出的果汁冻成冰块，用儿时动画片中无比向往的“小丸子刨冰机”做出刨冰，搭配奶油、鲜果与鲜红动人的果酱，做出消暑清凉的“杨梅冰碗”。

再与当季的荔枝、冰糖同煮出一壶“杨梅妃子饮”，缀上院子里采下的新鲜薄荷，可谓夏日佳饮。

品尝过几味杨梅鲜果制成的美味，回味时无端记起儿时夏日里最离不开的那张老竹凉席，隔着廿载光景，仍能使一心清凉。

熏风入帘散馨香

熏风自南来，送阵阵花香入室，热烘烘的屋子忽然变成熏笼。

夏花虽比不得春花妩媚，却自有风骨与气质，“夏日三白”便是其中代表。

因着花季皆在夏日，又都带有清香，于是人们将一卉能熏一室香的茉莉、清香何自遍人间的白兰和清香不断逗窗纱的栀子花并称

为“夏日三白”“香花三绝”。不带姹紫嫣红的色彩，唯有一片胜雪的洁白，暑天中散发着或高雅或清冽或亲和的香气，为炎夏带来丝丝凉爽。

旧时夏日里，小贩背着竹篮在日头初升时走街串巷，沿路撒下怡人的芳香。那篮子里不是吃食或用具，而是晨露未晞时采下的新鲜茉莉与白兰，不必费多少银钱，便可买得一捧香气扑面的白色花朵，连触摸过花瓣的掌心都可以留香许久。

母亲喜欢一切带香味的鲜花，尤其茉莉和玉兰，儿时避夏在家，只见她从外头回来，喜盈盈地得了几朵香花，就拿一个功夫茶杯装水养着，不一会儿小屋子里便满是清香。花香里，是她哼唱着《苏六娘》迎着日光绣花的身影。后来，我在小说里为她种下了一整片茉莉花田。隔着岁月与人间，不知她是否能闻到那一缕幽香。

如今已不多见沿街叫卖的小贩，于是小暑前夕，我便网购了

“三白”各些许，制作古法香膏。将几样花朵分别洗净、阴干，白兰装入小瓶中，浸满荷荷巴油，密封存放于阴凉干燥处。两日后将花朵滤出，在油中重新加入新鲜白兰，每两日重复此操作，共五遍，此为“油浸法”。十日后，油中已渗入花香，过滤后混合蜂蜡加热融化，倒进瓶中，凝固后便是“白兰香膏”。

“茉莉香膏”与“栀子花香膏”的做法相同，用的是“脂吸法”。荷荷巴油混合蜂蜡加热至融化，倒入小盘中凝固，而后在脂面上倒插入花朵，于阴凉干燥处静置。两日后将花朵取下，重新换上新鲜栀子花与茉莉，如斯五遍，十日后将膏脂刮下，加热融化后倒入小瓶子里，静待冷却凝固，香膏得成。

将香膏涂抹于腕间耳后，风过处清香隐隐，不畏花期过，四季皆留芳。

古时候，深闺佳人身上的芳香，多数来自香膏，淡淡清香散发于衣袂间，不知伴着多少闺阁心事入清梦。而在惯用香水的今日，香膏早已被束之高阁。据闻完全按照古方制作的手法已是非遗工艺，深谙其道的香坊更是凤毛麟角，与我这家常做法简直有着云泥之别。可也愿意花一点时间和心思，守护古老的中式浪漫，为庸常日子添几分缱绻。

且备三宝迎暑天

屋外的大树上，蝉鸣一声紧似一声。一到正午，蒸腾的暑气仿佛要将大地点燃。

三伏天即将来临，身体容易虚亏、热毒，传统饮食习俗上有吃“小暑三宝”，即黄鳝、莲藕、绿豆芽的说法，据闻这三样食材能起到温补虚空、清热健胃、安心养神的功效。

将莲藕洗净，填入泡好的糯米，封紧切口。用红糖、桂花、红枣煮出汤汁，灵机一动投入几颗杨梅，取其浓艳的色彩。汤煮开时浸入莲藕慢慢煨煮至绵软，起锅晾凉切片，淋上桂花糖浆，一箸入口，清凉在心。软糯甜蜜的“蜜汁桂花藕”果真是夏日佳肴，不枉大文学家韩愈对莲藕冷比雪霜甘比蜜，一片入口沉疴痊的描写。

黄鳝的吃法很多，小暑时节适宜食用开胃散发的菜肴，便将新鲜鳝鱼切段，以蒜末、姜末、葱花为佐，爆炒后加入带有白醋的特调酱汁，起锅时撒上胡椒粉，再加入生的葱姜蒜末以热油浇之，制成江南传统菜式“响油鳝糊”。鳝肉鲜美，香味浓郁，油而不腻，开胃散暑。

又将绿豆芽焯水后加入调味，热油爆蒜，制成“炝拌绿豆芽”，点缀上各色花草，使原本寡淡的菜式多了几分俏皮缤纷。

一桌菜肴上桌时，拂过晚风一阵，掀起纱帘一角，目光流转处，竟偶遇窗外几缕晚霞，倒像是天边烧起了火。

小暑过，一日热三分。

眼见着一年中气温最高的时段即将到来。

闭门谢来客，轻帘掩疏窗。赌书茶烟里，纳凉竹影中。

读一首幽幽清香写成的无声之诗，赏一幅如黛远山绘就的泼墨写意，看天光西落，等池月东上。

每一丝穿堂而过的南风，都带着它经过山海时捎来的故事，不管悲喜离合，无论过往今夕，都值得烹茶一壶，静心听之。

莫道盛暑人寂寞，与谁同坐？清风明月我。

大暑

偶入芙蓉浦，梦醒不思归

《夏诗》

南北朝·徐勉

夏景厌房栊，
促席玩花丛。
荷阴斜合翠，
莲影对分红。
此时避炎热，
清樽独未空。

原以为酷夏大抵漫长，不觉间竟已到了夏季最后一个节气，大暑。

《月令七十二候集解》有云：暑，热也，就热之中分为大小，月初为小，月中为大。

小暑、大暑，分别代表着炎热程度的不同，大暑为大热，又正值“三伏天”里的“中伏”前后，是一年中最热的时段。

古人将大暑分为三候：

一候腐草为萤。

大暑时节，高温多雨，枯草因闷湿腐烂，是萤火虫的美食，于是到了夜晚，经常能看到点点流萤纷飞觅食。

二候土润溽暑。

这时节土壤也格外潮湿温热，适宜水稻之类的农作物生长。

三候大雨时行。

雨热同季的天气，天空随时会倏忽降下大雨，激起一阵热浪。

“湿热交蒸”到达顶点的时段，尤须消暑祛湿。自古以来，民间便有大暑三伏天饮“伏茶”的习俗，以中草药煮成的茶水可清凉祛暑。此外，还有烧伏香、晒伏姜等风俗。

热气蒸腾在一个个炎夏的午后，又一次次缓缓散去。与之一同渐渐飘远的，是季节轮转间不因寒热停留的时光。

这一夏的风物人事争相涌上心头，恋恋不舍，缱绻动人。

芙蓉女儿面，荷风少年郎，那一池寸寸动人的荷花自然最是难舍。淡雅通透，高洁不染，哪怕屈身于小院浅水中，也开得脱俗自如。

风蒲猎猎，清香幽幽，数不尽相伴过多少个骤雨初歇的夏夜。

今年大暑前恰逢农历六月二十四日荷花生日，自明代以来苏州人便有为荷花贺寿的习俗，或热闹，或清雅，是为晚夏佳节。

据载，这一习俗或可追溯到宋朝兴盛的“观莲节”。每年夏末秋初，正是荷花盛时。文人雅士汇聚一处，乘轻舟随波荡漾湖面，缓入荷田深处，信手采下鲜嫩的荷叶当作酒杯畅饮，酒味杂莲气，香冷胜于水。又取莲子、鲜藕等材料做成菜肴，品食弹唱间，留下动人诗篇无数，为后世描绘出旖旎生动的风雅画面。

后来是如何将此节日定在农历六月二十四日，并称为“荷诞”的，众说纷纭。最早记录荷花生日的，是明朝的文学家张岱。他生于浙江，对荷花自是熟悉。

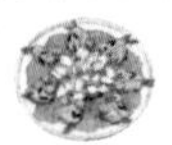

因出身富贵世家，加之性情洒脱、才华横溢、豪放不羁、钟情山水，本就是见识广博、富诗情雅兴的风流名士，然而当他二十五岁游苏州时，苏州人爱荷如狂的场景仍是令他震撼。他在《葑门荷宕》一篇中写道：

天启壬戌六月二十四日，偶至苏州，见士女倾城而出，毕集于葑门外之荷花宕。楼船画舫至鱼艖小艇，雇觅一空。远方游客，有持数万钱无所得舟，蚁旋岸上者。余移舟往观，一无所见。宕中以大船为经，小船为纬，游冶子弟，轻舟鼓吹，往来如梭。舟中丽人皆倩妆淡服，摩肩簇舄，汗透重纱。舟楫之胜以挤，鼓吹之胜以杂，男女之胜以溷，歊暑燂烁，靡沸终日而已。荷花宕经岁无人迹，是日，士女以鞋靸不至为耻。

荷花宕中以大船为天经，小船为地纬，出来游乐玩赏的青年男女，轻舟徐行，鼓瑟吹笙，络绎不绝，穿行如梭。而船中的佳人，化着精致的妆容，身着素淡的轻衣，香肩摩擦，绣鞋攒簇，清汗透薄纱……荷花宕整年人烟稀少，但这日，小姐名媛们以不涉足这里为耻。

满城为荷花贺寿的繁华热闹透纸而出，可以想见当时拿着几万钱也无处租赁船只，只能如蚁群般盘旋上岸的急切与无奈。

这种民俗一直持续到清朝咸丰、同治年间，从不少清代诗人的作品中仍能读到为荷花贺寿的情景。如张远的《南歌子》：

六月今将尽，荷花分外清。说将故事与郎听。道是荷花生日，要行行。粉腻乌云浸，珠匀细葛轻。手遮西日听弹筝。买得残花归去，笑盈盈。

虽然看荷花的潮流渐渐式微，荷花的生日却流传了下来，每年的农历六月二十四日，有心人依旧会感怀寄托。

虽不能至，心向往之。便趁着大暑之时，查阅古籍，虔心筹备，取诗书中采下的一枝荷，绣在团扇上，嵌入菜肴中，绾于青丝间。写成心事几句，凑出家宴一席，解不舍之愁，祝荷花芳寿。

请随我共赴这场荷花宴，同入芙蓉浦，轻舟至远乡。

冷盘

清荷倚画桥

宴席最先呈上的是四色冷盘，分别有“酸辣藕带”“椰丝糖莲子”“糯米桂花藕”与“冰镇葱油鲜莲子”。

藕带鲜嫩爽脆，以剁椒与白醋佐味，可使食指大动。

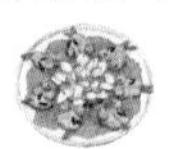

鲜莲子裹上薄淀粉小火微炸后，用潮汕反砂的做法做成糖莲子，再均匀拌上椰丝，清甜酥香，齿颊留芳。

桂花糯米藕已是旧相识，糯米填入莲藕中，以红糖与桂花调和出来的汤水煨至软糯，淡淡花香中，绵软连丝如柔荑拂面，温润动人。

刚出壳的莲子去心后，加入用红葱头与小葱炸出来的葱油中翻炒，只加少许盐调味，浓郁的葱香更衬托得鲜莲子清爽素甘，回味无穷。

四色冷盘制成，以彩画拱桥器皿上菜，仿若一池清荷倚桥边，风过处，自飘香。

热菜

绿波荷趣

鲜虾加入莲藕打泥做成团状后，将新鲜百合修出花瓣形状，装饰成一朵白荷。

鸡肉搅打成泥，塑成鸳鸯形状，绕于荷花四围，于绿波中相戏成趣，是为“绿波荷趣”。

莲房鱼包与渔父三鲜

少时读南宋人林洪的《山家清供》，被其中一道“莲房鱼包”吸引，一直铭记心上，十分好奇该是何等鲜味，此番便趁机仿而做之。

按书中所写：将莲花中嫩房去穰截底，剜穰留其孔，以酒、酱、香料加活鳜鱼块实其内，仍以底座甑内蒸熟。或中外涂以蜜，出碟，用渔父三鲜供之。三鲜，莲、菊、菱汤瀣也。真是一道精细考究的菜肴，制成时被其雅致的形色所动，想起林洪原文中诗云：锦瓣金蓑织几重，问鱼何事得相容。涌身既入莲房去，好度华池独化龙。

个中滋味已不重要，其情趣与诗意早已远胜佳味万重。

田田拥红妆

新鲜荷叶自带独特的清香，用它包裹丰腴的肉类烹饪，可以增香解腻。于是便制作了传统的“荷叶粉蒸肉”，揉面捏出一盘“双色荷叶饼”，以饼夹肉同食，麦香、肉香与荷香各得其所又相得益彰，清新之中又有着软腴浓香，恰似荷叶“田田拥红妆”。

翠盖含香

以荷叶入菜的馔食中，“荷香鸡”自然不可错过。整鸡洗净沥干，

加入生抽、蚝油、花雕酒腌制。起油锅，将红葱头、香菇、虾米与瑶柱爆香后填入鸡腹中，充分腌制入味后以新鲜荷叶包裹，外层用面皮代替泥巴，包裹严实后入烤炉烘烤至熟透。木槌敲开外壳，一缕肉香扑面而来，取“翠盖含香”之名大抵不错。

藕花深处

此时节鲜藕脆嫩，取一节大小适中的莲藕，洗净去皮后切成均匀薄片，用调味后的肉末将两片莲藕相合，裹粉酥炸。起锅时搭配白荷雕花摆盘，“藕花深处”的爽脆酥香，可算是领略了一番。

芙蓉红酥

含苞的荷花娇嫩可人，片片花瓣红粉剔透，轻盈纤薄，恰如美人红酥手。轻轻取下，裹一层粉浆油炸，入口酥松，满心馨香，真如一亲芙蓉芳泽。

一缕粉色不由得使我想到《山家清供》中的另一道粉红菜肴——“石榴粉”：藕截细块，砂器内擦稍圆，用梅水同胭脂染色，调绿豆粉拌之，入鸡汁煮，宛如石榴子状。

名为“石榴”，其实是用梅水胭脂染色后的，略呈圆形的莲藕块，再拌上绿豆粉加入鸡汁中煮熟，想必色香俱全。于是便取鸡肉熬汤取汁，按书中方法制作了“石榴粉”一碗，果真娇俏粉嫩，分外可爱，与鸡汁的鲜香融合，亦是美味独特。

两样菜式一同上席，“捻”过石榴子的“芙蓉红酥”便更添了几分风情。

汤品

玉雪窍玲珑

鲜莲子去皮后生吃清甜脆嫩，用以煲汤更能使汤汁清新鲜美。于是便将排骨与鲜莲子同入锅熬煮，加入鲍鱼增鲜，烹出一锅“鲜莲子排骨鲍鱼汤”。

巴沙鱼加入调味与料酒搅打成泥，入小碗蒸制成莲蓬造型，一

部分填进竹荪中做出莲藕样式。再用菜汁揉面捏出荷叶几片，一同入汤，成就一盏鲜美生趣的“玉雪窍玲珑”。

主食

碧叶朱粳

荷叶蒸饭的做法古已有之，柳宗元《柳州峒民》诗云：郡城南下接通津，异服殊音不可亲。青箬裹盐归峒客，绿荷包饭趁虚人。

将粳糯米浸泡后加入香菇、虾米、瑶柱同炒出香味，以荷叶为底盛入糯米饭，上置两只膏腴肥美的膏蟹，再以荷叶包裹，上锅蒸至蟹熟。蟹膏渗入米中，米香融进蟹里，一笼鲜美黏糯、膏香浓郁的“碧叶朱粳”令人食之难忘。

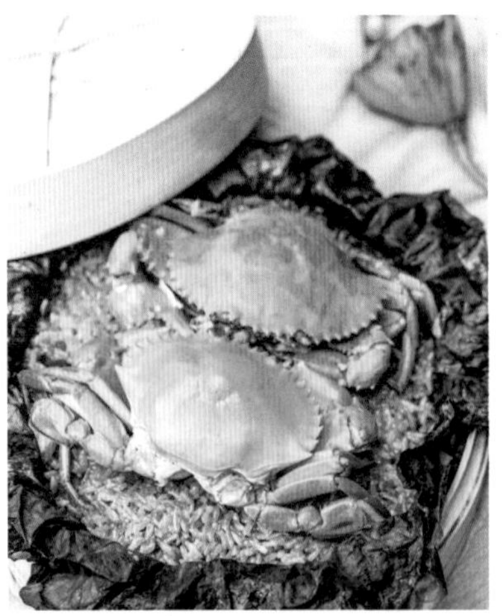

点心什锦

藕花闲自香

西式点心以精致优雅享誉世界，而东方糕点所蕴含的古典美学与诗情画意亦是唯美多姿，款款动人。

酥点是中式点心之经典，十分考验制作者的耐心与诚意，不厌其烦地重复开酥，才能制出层层叠叠薄如蝉翼的酥皮。既然是荷花宴，自然要做出应景的造型，于是便有了“荷花酥”与“莲藕酥”。咸甜两味相辅相成，一碰就掉的酥皮飘香三里，饶是今夜无月，也可闻“藕花闲自香”。

荷风沁凉

盛暑之时，消暑祛湿的食材中怎可少了绿豆？

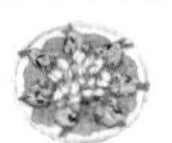

去皮豆子蒸熟碾碎，入锅中加以黄油、麦芽糖翻炒成团，便是绿豆馅。裹以桃山皮，制出荷花、荷叶、莲藕与莲蓬造型，放入冰箱中冷藏后食用。豆香幽幽，丝丝清凉，一如夏夜晚风过荷塘，是为“荷风沁凉”。

南浦花影

每日晨起时，总可见浅水中花影摇曳，因而时常猜想，池中芙蓉可会照水自赏芳颜?

便取薄荷糖浆化入清水中，加入吉利丁片，将荷花嫩瓣凝固其中。一汪绿水托着娇嫩花芯，流光飞舞时，落下花影绰绰，仿若一片轻云入水，又如洛神凌波，这“南浦花影”的芳踪，怎能不动人心弦?

叶初雨

前阵子得了一套和果子工具，用来制作中式糕点倒也趁手。于是便用白芸豆泥为料，调入龙井茶粉，做出宿雨未干的荷叶一枚。

如此稚嫩的姿态，只当这是它在人间淋过的第一场雨水，于是称它“叶初雨”。

念娇蕊

南瓜粉调和的淡黄色花蕊恰到好处，与龙井茶粉揉出的莲心相拥，一同缀入红粉娇艳的花苞中，这一枚“念娇蕊”可真叫人难以割舍。

美人妆

樱桃粉调成的颜色与白色晕染，一如少女初妆。其上所缀的水珠似是红颜含泪点点，更添楚楚，因而取名“美人妆”。

戏清漪

花叶与莲藕皆有，独缺一抹灵动，于是便捏了两尾小锦鲤，凝固于清澈水中，烫印出涟漪两枚，点缀上“荷叶”几片。隔着一波清水，可见鱼儿畅游嬉戏，自在欢愉，这一池“戏清漪”池塘冻，将各色点心联动了起来。

糖水

浮玉凝

那年自钱塘归家后，念念不忘怀湖边尝过的手工藕粉，只因工序较多，迟迟未动手制作。恰好得此契机，便一鼓作气，将十五斤新鲜莲藕去皮、切块、榨汁、过滤、沉淀、晾晒……得来不易的几

两藕粉，自然要格外珍视。取莲花木碗，加入藕粉一勺，凉水化开后注入滚水搅拌至凝固。手搓桂花糯米圆子，煮熟后缀于其上，淋上少许桂花糖浆。

晶莹剔透的手工藕粉清香淡远，浓稠如凝胶般托着桂花圆子，仿若冰晶浮白玉，故而得名“浮玉凝”。

云水谣

慢火炖出的燕窝本清淡无味，加入糖水煮成的鲜莲子，便如素面施妆，忽而有了神采。

燕子居于云下，莲子生在水中，共谱一曲“云水谣”。

茶

忆浮生

荷花宴席上的茶汤自是要考究些，不禁想到《浮生六记》中，那位被林语堂先生称为“中国文学中最可爱的女人”的芸娘，所制作的“荷花茶”。书中写道：夏月，荷花初开时，晚含而晓放。芸用小纱囊撮茶叶少许，置花心，明早取出，烹天泉水泡之，香韵尤绝。

隔着光阴幽幽，那日清晨的一盏荷花茶，竟飘过百年时空，香袭鼻尖。便参照书中所写方法制之，白茶中渗入的微淡荷香，为一桌宴席添上了一抹清冽与风雅。

填入熏香的莲蓬香囊，一针一线缝出的是安康祈愿。

以生涩的双面绣针法绣出的团扇，置于盛放的荷花旁，如是一幅临摹小样。

晚风穿堂，吻过池荷双靥，于是整个黄昏，都飘荡着令人心动的暗香。

禁不住猜想，姑苏城外的荷塘里，可还能见旧时的月光？明朝宿雨干透的花叶，会否如今日般开合舒卷，临水自娇？

梦里不知凉是雨，卷帘微湮在荷花。

久居岭南，四季流转并不悬殊，若不是一池荷花应季开落，真不知年已过半，夏将远去。

仍天真地相信，留下一缕荷香，便是存住了一夏惊鸿的印记，便是留存了一抹尘世的无邪。

所幸，无论世事如何，那一池梦中芙蓉，总在年年盛夏，花开如约。便怀着如斯念想，忘却风露清愁，静待秋月初升。

七夕

及笄已成人，省亲敬椿萱

《七夕》

唐·罗隐

络角星河菡萏天，
一家欢笑设红筵。
应倾谢女珠玑箧，
尽写檀郎锦绣篇。
香帐簇成排窈窕，
金针穿罢拜婵娟。
铜壶漏报天将晓，
惆怅佳期又一年。

出花园，奴仔咬鸡头

农历七月初七是中国传统的七夕节，又名“乞巧节”“女儿节”，传说牛郎织女会在每年的这一天鹊桥相会，因而渐渐演变成中国的情人节。

而在我的家乡，七夕节是孩子们最期待的大日子，有一种特别的仪式会在这天举行，那就是潮汕孩子的成人礼——“出花园”。

《礼记》便有男子二十岁行“冠礼”，女子十五岁行“笄礼”的记载。潮汕人认为，小孩子一直在“公婆神”的保护下，生活在无忧无虑的“花园”里，长到虚岁十五便已成年，要将其“牵出花园”。因此，潮汕家庭凡有年满虚岁十五的孩子，无论男女、贫富、贵贱，皆要举行“出花园”仪式。

“十五成丁，十六成人”，这一仪式意在提醒孩子，他们已不是终日在花园里玩闹的孩童了，要有独立生活的能力，有为家庭和社

会奋斗的担当。

“出花园”的仪式隆重而丰富。晨起，父母要将榕树枝、竹枝、石榴花、桃树枝、状元竹、仙草各一对，共十二样花草泡在水中，让“出花园”的孩子沐浴，洗去尘埃。接着围上母亲亲手缝制的新肚兜，肚兜里会压着桂圆和“顺治”铜钱，寄托了对孩子日后大富大贵的祝福。再穿上外婆或舅舅送的新衣服和新木屐，寓意孩子跨出花园之后焕然一新，一帆风顺。

接下来便是跪拜“公婆神”了。

所谓“公婆神”即床神，潮汕各地称呼不同，有称“眠床婆”“公婆母”“花公妈”的，在我的家乡，人们称“公婆神”为“婆母”。关于“婆母”的身份传说不一，有的说是周文王夫妇，有的说是古时潮州一位善于哺育和调教孩子的妇女。但“婆母”的神职是保护孩童，这一点在种种传说中是达成共识的。祭拜“婆母”不单只是“出花园”的仪式，也是潮汕家庭的日常。祭拜其他神明常在厅堂，祭拜“婆母”却是在孩子的睡床上。旧时医疗条件差，小孩子生病往往得不到及时救治，潮汕民间便习惯在幼儿床上安放神位祭拜“婆母”，祈求平安健康。

对于小时候的我来说，拜“婆母”是一个十分重要且神圣的仪式，过年、元宵、七月初七、冬至，每年要祭拜四次，每回母亲总要求我虔诚地跪拜床前，求婆母庇佑我安康长大。

农历七月初七是“婆母生”，祭拜就更显庄重。而在孩子“出花园”这天，父母更是要准备三牲、酵粿、石榴花粿、三角楼、软粿、五果、汤圆、米饭等丰富的供品，再将各色供品放入花篮，请出

“婆母”的香炉，让穿戴整齐、头戴石榴花的孩子拜别公婆神，此后孩子长大成人，便不再需要劳烦“婆母”了。

拜祭仪式结束后，一场“出花园宴”便开席了。

这一桌宴席是父母为“出花园”的孩子张罗的，邀请前来祝贺的亲友们一同入席。“出花园”的孩子必须坐在主位，且一定是第一个动筷的，每样菜肴都要先吃上一口，其他人才能起筷。菜式并不固定，必定要有一只整鸡，男孩“出花园”用公鸡，寓意朝气蓬勃，女孩“出花园”则用母鸡，代表多子多福。鸡头要对着“出花园”的孩子，且其必须有一个标志性的动作——咬鸡头，取“咬鸡头，出人头地，独占鳌头”的寓意。

据说，这一习俗与明嘉靖年间潮州状元林大钦有关。他年少家贫，同学们上学堂皆有崭新的红鞋穿，林大钦的父母买不起新鞋，便做了一对木屐，将其染红，给儿子穿着去上学。一日，林大钦放学归家，见一老者抱着一只公鸡蹲在地上，身旁放着一对红联纸，

及笄已成人，省亲敬椿萱

一张写着“雄鸡头上髻”，另一张纸是空白的。原来老者请过路人对对联，对得上的便可以得到这只公鸡。林大钦思索片刻，对曰：“牝羊颔下须。”老者大喜，称其对得好，便将公鸡送给了他。回家后，父亲听闻此事十分欣慰，便将公鸡煮熟，把鸡头给林大钦作为奖励，以作独占鳌头之意，后来林大钦果然高中状元，名扬天下。

其他菜肴也都取潮州话谐音做吉祥寓意，表达了对孩子的祝福。如“食猪肝，日后做大官”“食口甜，万事免人嫌”“食条鱼，富贵又有余”“食粉丝，日子赛神仙”“食青蒜，会除又会算”“食韭菜，长寿有久财”“食百合，人人都好合”等。

吃过宴席，“出花园”的仪式便礼成了。

我的家乡还有一些特别的讲究。“出花园”这天，孩子不能跑太远，甚至不能过桥。一整天只管吃喝玩闹，不用做任何家务活，享受最后一次如幼儿般被父母宠溺的待遇。为图个好兆头，这天“出花园”孩子说的话、提出的要求，一般都不能拒绝，只能答应一个“好”字。

回想我“出花园”的那日，隆重的仪式感、踏入成人行列的荣誉感，至今记忆犹新。我想，这应该是每一个出过花园的孩子们一生都难忘的回忆吧！

由于“出花园”具有独特的历史文化价值，这一习俗于2018年被列入省级非物质文化遗产保护名录。

回娘家，走仔煮初七

十五岁的孩子忙着“出花园”，嫁了女儿的父母等着“吃初七”。

七夕节在潮汕地区还是重要的“走仔会”。“走仔”是潮汕话中女儿的俗称，“会”即聚会，也就是说，七夕这一日，出嫁的女儿都会回娘家看望父母。

《诗经》中早有“归宁父母”的记载。“归宁”即女子出嫁后返回娘家省亲，据说这一习俗最早在中原地区流行，后随着移民迁徙

传入潮汕地区，传承至今。

传统的潮汕“归宁”礼分为三个环节：头返厝、二返厝、三返厝。“返厝”即新出嫁的女子回娘家的习俗。三次返厝分别在婚后第三天、第十二天和新婚满月时。而“走仔会”是在三次归宁礼完成之后。已婚女子回家省亲的民间节日多选在传统佳节，普遍定为农历七月初七。

这一日清早，已婚的女子们都会备好礼物，带上煮好的“初七”，回家敬奉父母。所谓“初七”是点心甜品的俗称，旧时多为“花生猪脚甜汤”或“鸡蛋莲子甜汤”。在通信与交通都十分便利的今天，看望父母的愿望随时可以达成，但每年七月初七，潮汕的女儿们依然会遵循这一旧俗，报答父母养育之恩，相聚团圆，共享天伦。

关于七夕的风俗还有许多，窃以为从“出花园”到“回娘家”，在启程与回归之间，恰好体现了潮汕人的社会担当与宗族文化。而勤劳刻苦、团结友善、爱护家庭、孝敬父母等优良传统，也在那片遵循古老风俗的土地上代代相传。

但愿时代的飞速发展不会冲淡这些传统习俗，让一代代潮汕孩子都能在传承中感受家乡文化的魅力，和其所蕴含的人文情怀。

银烛秋光冷画屏，轻罗小扇扑流萤

第三卷 自藏

立秋

不觉素商至，枕簟犹未凉

《立秋》
宋·刘翰

乳鸦啼散玉屏空，
一枕新凉一扇风。
睡起秋声无觅处，
满阶梧叶月明中。

水花香弄晚风清，哪怕暑气尚在，终究是到了秋天的第一个节气，立秋。

《月令七十二候集解》有云：秋，揫也，物于此而揫敛也。

万物由阳盛转为阴盛，从繁茂生长渐转至萧索成熟。

古代将立秋分为三候：

一候凉风至。

立秋后北风渐起，扫去地面高温，带来丝丝凉意。

二候白露降。

由于白天光照依旧强烈，与凉风习习的晚间形成一定的昼夜温差，空气中的水蒸气便在清晨时凝结成了一颗颗晶莹的白露，落在花叶上。

三候寒蝉鸣。

此时节树上的蝉儿饱食无忧，在微风吹动的树枝上得意鸣叫，仿佛在告诉人们炎夏将尽金秋已来。

立秋有着丰富多样的节气习俗。

古时，立秋是“四时八节”之一。在周朝，天子要在立秋之日亲率三公九卿到西郊迎秋，举行祭祀仪式。宋朝时，立秋这天宫中还要把栽在盆里的梧桐移入殿内，等到时辰一到，钟鼓响起，梧桐应声落下一两片叶子，以寓“一叶落知天下秋”。民间有祭祀土地神、庆祝丰收的习俗，更有“贴秋膘”“啃秋”等风俗。

无奈南方的秋意本就迟迟，大汗淋漓中实在无处感知秋天的气息，何况立秋并不代表酷热天气的结束，此时仍在“三伏”中，要提防“秋老虎”的威力。

今日便遵循节气传统，以几种方式“啃秋”，制作了“贴秋膘”的菜肴，并准备了几道清凉小菜，又将院中无尽夏采下几朵养于瓶中作为夏日使者，以花果之香消暑热余威，用一缕夏味迎清秋之至。

花无尽，夏未央

院子里的草木正忙着结出小果子，花朵已不多见，唯有花圃里的无尽夏开得热烈，由粉红到蓝紫，层层叠叠的晕染着幻梦般的颜色，花如圆玉莹无疵。

初听得“无尽夏”的芳名，心上微微动容，仿佛被谁掬了一把盛夏的日光洒进心头，胸腔里被晒得暖意融融。

无尽夏是绣球花中的一个变种，20世纪80年代，一位美国的苗圃业务员在明尼苏达州的某个花园中发现了它，惊鸿一瞥，并在后续培育中发现它的花期可以从晚春绵延到秋初，因此得到了这个带着炽热与守护意味的名字——无尽夏。五月中，繁茂葱郁的枝叶中间，开始出现点点花苞，若不细看，还以为是蝴蝶飞过时落下的一点影子。夏意一日浓似一日，这小花苞也便在日光的照料下，渲染出愈发动人的色彩，并一一开放为成百上千朵小花，聚合成为盛大而冶艳的花球。一朵朵缀在枝头，是六月初始花园里的空前盛况。

七月流火，老枝上的花朵逐渐败去，而新枝上萌发的花芽却孜孜不倦地继续开放。此间会有一种纯白色至淡粉色晕染的花朵逐渐

开放，青春得令人向往，纯美得使人倾心，因而它被赋予了一个极其浪漫唯美的名字——无尽夏新娘。

立秋之时已是八月，无尽夏依旧冉冉盛开，继续在尚烈的日头下，舒展着自己柔嫩的花瓣，蔓延着清梦般的蓝紫。每每在斜阳飞落时往花圃处看去，总疑心那并不是花朵，而是某个星辉璀璨的夜晚，仙人路过时无意留下的一抹烟霞，不然怎能有如此脱俗的颜色与姿态，装点这庸常的人间？

立秋之日，抵不住它的动人，将几朵开至最盛的花朵剪下，养在瓶子里，置于案头相伴读书，瞬时便觉书中文字亦如朵朵花开。然转念一想，花开终究有时，九月过后，便只能期待明年再会。顷刻间一个念头跃入脑中，何不将它的芳姿以果子的方式留存？如此一来，便可时时得以观赏亲近。于是便用白芸豆熬成的豆泥，拌入果味色粉，揉捏印模，制成无尽夏果子一枚，盛开于茶席之上。

花与夏无尽缠绵，果子与清茗相濡以沫，卷帘同向月中看，不负冬雪与春风。

从此，它将以果子的姿态盛放于四时晨昏，无凋零之虞，亦如生机勃勃的盛夏再无尽时。

啃秋瓜，知秋味

秋天的第一个节气，又正处三伏期间，因此立秋的习俗结合了夏秋之特色，丰富而有趣。

“啃秋”自然不能少，《诗经》有云：七月食瓜，八月断壶。

尽管已到立秋，仍然是赤日炎炎，民间有立秋吃西瓜的习俗，谓之“啃秋”，“啃”去余夏暑气，“啃”掉“秋老虎”，既是解暑，又可防病。这一习俗由来已久，还带着几分传奇色彩。

相传，明朝初年立秋前后，南京城里许多人染上癞痢疮，俗称“秃疮”，患者病愈后会形成疤痕，令爱美人士谈“疮”色变。当时便有人传说庐州府（今安徽省合肥市）崔相公之女吃西瓜让“癞痢”落疤自愈，肌肤如初。南京人纷纷效仿，果真灵验，从此便形成风俗，年年秋来之时瓜香满城。

清人张焘的《津门杂记·岁时风俗》中写道：立秋之时食瓜，曰咬秋，可免腹泻。

《帝京岁时纪胜》有载：立秋预日，陈冰瓜，蒸茄脯，煎香薷饮，院中露一宿，新秋日合家食饮之，谓秋后无余暑疟痢之疾。

清朝时，人们在立秋前一日把瓜、蒸茄脯、香薷汤等放在院子里晾一晚，于立秋当日吃下，可清除暑气、避免痢疾。江南地区有民间说法，立秋当日吃西瓜、喝烧酒、饮新汲上来的井水，可以使

人不生肠胃病；在北方，如北京、天津等地，这一习俗细化为立秋之日一早吃甜瓜，晚上吃西瓜，可免腹泻；而到了上海，“啃秋”多了一丝人情味，变成亲友邻舍互赠西瓜。

虽然各地“啃秋”之俗略有不同，但都有食西瓜养生的说法。因着此时节天气干燥，食用水分及营养丰富的瓜果类，可以弥补酷夏流失的维生素、矿物质等，颇有益处。现代中医学认为，西瓜有消暑、解热、散毒、润肺、利尿等功效，正适合此时节食用，民间更有谚语曰：立秋以后吃西瓜，不用花钱把药抓。

立秋日便遵循传统，备下西瓜几枚，大快朵颐之余，花了一点心思，将瓜肉冻成冰球、凉粉球，结合无尽夏同色的蓝紫色调冰粉，组合成为“西瓜缤纷桶”。

瓜肉榨汁，调和吉利丁片，与牛奶吉利丁液层层叠加，凝固后

切片，形如三文鱼。琼脂做成的宝石糖切块后状如碎冰，将“西瓜三文鱼”铺在“冰”上，装点糖塑的“鱼尾”“紫苏叶”“枫叶”等黄油脆片，挤上抹茶奶霜“芥末”，点缀新鲜柠檬，做成一个充满趣味的“甜品刺身盘”。

瓜皮不能浪费，刨去表面硬皮后，一部分带些许果肉的瓜皮加糖熬煮成“瓜皮软糖”。剩余的瓜皮削净果肉，盐拌出水后加入生抽、陈醋，热油爆香大蒜与小米辣，一碟“凉拌西瓜皮”清脆爽口，开胃消食。

几样“啃秋”菜品制成，自然要张罗“贴秋膘”的馔食。

民间流行在立秋这天称人，将体重与立夏时进行对比。旧时，人们对健康的评判常以胖瘦为标准。夏日食欲不振，又多汗虚耗，体重往往会轻减，此为“苦夏”。待到秋风起时，胃口大开，便要适当增加营养，进食丰腴肉食，补偿夏天的损失，以强健体魄迎接金秋，这便成了“贴秋膘”。白切肉、红烧肉、肉馅饺子、炖鸡、红烧鱼等都是贴秋膘的家常菜式。

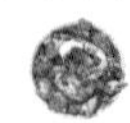

今日便取五花肉一块，切成一寸见方的块状，绑上棉绳，与鹌鹑蛋几枚同入砂锅，佐以冰糖、生抽、花雕酒等，慢炖出一道浓油赤酱的“元宝东坡肉”，开锅时肉香满屋，不禁食指大动。

南方丰富的海产自然也是强体良品，便用鲜活小青龙、膏蟹、血蛤等，以高度白酒醉后清洗处理好，加入大量香菜、大蒜、小米辣、红葱头等，调和生抽、鱼露、白醋等酱汁，腌制成为传说中的“潮汕毒药”生腌海鲜，补身开胃两相宜。

咸香酸辣的口味将海产的鲜美激发得淋漓尽致，忍不住一口接一口，“毒药”之称果然名不虚传，当真能使人欲罢不能。

本草名传是落苏，个中滋味胜膻腴。

民间有立秋吃茄子的风俗。据说，此时节的茄子味道最好，便

将其制成“酱香茄子肉末卷”与“菊花茄子”，合成一道“菊色茄香”。再添一道润肺清心的“无花果海底椰肉汁汤”，这一桌结合了夏日滋味与早秋风情的迎秋宴便完成了。

在时光中彼此相接的两个季节，于餐桌上融为一体，交相辉映。

心上秋，勿成愁

折枝楸叶起园瓜，赤小如珠咽井花。

除了食瓜“啃秋”之外，立秋有另外一个重要的节俗——戴楸叶。

楸树是我国珍贵的用材树种之一，枝干挺拔，花朵淡雅，自古便广泛栽植于皇宫庭院，胜景名园之中。楸叶、树皮与种子均为中草药，有收敛止血，祛湿止痛之效，古人还有栽楸树以作财产留赠子孙后代的风俗。

立秋戴楸叶的风俗早已有之，坊间的说法：立秋日戴楸叶，可保一秋平安。唐代陈藏器《本草拾遗》中，便有立秋之日长安城中人们插戴楸叶的记载。到了宋朝，这一习俗更加风靡，《东京梦华录》记载：立秋日，满街卖楸叶，妇女儿童辈，皆剪成花样戴之。元代时，这种民间风俗传入宫中，王公大臣也接受了汉民的节俗。元人熊梦祥的《析津志辑佚》写道：车驾自四月内幸上都，太史奏某日立秋，乃摘红叶。涓日张燕，侍臣进红叶。秋日，三宫太子诸王共庆此会，上亦簪秋叶于帽，张乐大燕，名压节序。明代戴楸叶之俗更加流行，田汝成在《熙朝乐事》中写道：男女咸戴楸叶。近代民间一直盛行立秋戴楸叶的风俗，至今仍有一些地方保留着这一习俗，不仅在胸前佩戴，有的还将楸树枝叶编织成草帽戴在头上，以防“秋老虎”烈日曝晒；或是在立秋日东方既白，露水未干时采集楸叶，熬制成药膏，据说可外敷治疗跌打损伤、骨折、痈疮肿毒等。

旧时的立秋，以一片楸叶之姿，出现在了男女老幼的鬓边或胸前，以表达对季节流转的崇敬。既浪漫风雅，又有祈福之意。

自古逢秋悲寂寥，我言秋日胜春朝。早过了伤春悲秋的年纪，便觉季节本无悲喜，寒来暑往，春去秋来，自然终须流转，苦乐不过是情之所至。不如多留心于暑尽秋来时缓缓清澈的月，愈发明亮的星，渐渐染黄的叶，淅沥温柔的雨。

长天如秋水，岁月起轻漪，期待夜雨涨秋池之时，与君共叙这一季的收获。

处暑

凉风如有信，邀月共开怀

《咏廿四气诗·处暑七月中》

唐·元稹

向来鹰祭鸟，渐觉白藏深。
叶下空惊吹，天高不见心。
气收禾黍熟，风静草虫吟。
缓酌樽中酒，容调膝上琴。

离离暑云散去，正是处暑时节。

二十四节气有“三暑”，即小暑、大暑、处暑。古时将一年分为春、夏、长夏、秋、冬五季，“长夏”即立秋起至秋分前这个时段。

《月令七十二候集解》曰：处，止也，暑气至此而止矣。

“处暑”即“出暑”，大自然在夏与秋之间留了处暑这扇门，虽然早已立秋，但只有过了处暑，炎热天气才会慢慢结束，长夏将尽，暑意渐消。

古时将处暑分为三候：

一候鹰乃祭鸟。

此时节老鹰开始为冬日囤积粮食，猎而不食，是为清秋将至的仪式感。

二候天地始肃。

风清露冷的节气里，万物变得肃穆萧条，以庄重的姿态迎接新的季节来临。

三候禾乃登。

田地中的景象却截然不同，秋来时五谷丰登，硕果累累。

季节更替之际，物产丰饶，各具风味。民间习俗也十分丰富，有吃鸭子、煎药茶、放河灯、秋游、拜土地公等，既充满生趣，又融合了此时节养身静心的需求。

几场骤雨过后，高树鸣蝉，草木幽香，余霞似绮，水静风闲。便趁此时节品鲜赏景，滋养身心，信步踏歌游，且莫赋闲愁。

山林珍味一相逢

处暑前后，正值彩云之南的雨季，高山密林中开始散发着微微独特的幽香，从七月落下的第一场雨开始，这香气会延续到九月，它和雨后泥土的气息混合在一起，原始而浓郁。

这令山里人和老饕客都趋之若鹜的气味，吸引经验丰富的山里人沿着松树根系之下耐心寻找，不知经过多少风餐露宿，才终于在层叠的落叶与泥土之中，寻得那珍稀的身影，“菌中之王”野生松茸。

这种学名“松口蘑”，别名“松蕈”“合菌”“台菌”的菌类是一种纯天然的珍稀名贵食用菌，早在宋代的《经史证类务急本草》中便有记载。松茸对生长环境要求极为苛刻，好生于寒温带海拔三千五百米以上养分不多且比较干燥的高山林地。其生长过程十分缓慢，从孢子落在松树根系下到长出一支子实体，一般要经历五六年的光阴，迄今仍无法人工培植。

松茸的珍贵之处还在于生命的短暂，子实体从出土到成熟一般只要七天时间，而成熟四十八小时后便会迅速衰老，瞬息芳华。所以一旦发现成熟的松茸，山里人都会快速而轻巧地用手中的木棍撬开附近的土壤，小心翼翼地将其从土中取出，用脚边挖出的新鲜青苔和树叶将之裹住以保鲜，火速运回山下，辗转而快速地送至老饕客的餐桌。当竹木筷子夹起的一片片鲍鱼般润滑爽口，散发着浓郁香味的松茸被送入满心仰慕的食客口中时，那令人倾心的美味不止来自食材本身，更多了一层漫长光阴沉淀出的醇香。

今年处暑前，来自香格里拉的松茸终于被送到家中。早几年也

买过松茸，那时由于厨艺不精，白白浪费了好食材。年岁渐长，对烹饪亦有了些许见解与体会，今年便张罗了几样吃法。

选相貌最优者，用竹刀切厚片，点缀上鱼子酱与食用金箔，佐以现磨的新鲜山葵，以刺身的方式，品味最原始自然的风味。山与海的鲜美在舌尖金风玉露一相逢，果真胜却人间无数。苍山洱海的壮阔与纯净，瞬间如画卷般铺开在眼前。

少许黄油化开于麦饭石锅中，放入松茸切片，煎到两面金黄时即可起锅，撒上少许喜马拉雅玫瑰盐与黑胡椒，层层叠加的浓郁香味使得齿颊留香，难以忘怀。想起曾看过的纪录片，镜头里的山里人便是用化开的牛油香煎刚采得的松茸。隔着时空与屏幕，那一股浓香飘到家中的餐桌上，而我也似乎通过这得来不易的珍馐，共享了远方那一片高耸入云的松林，那一阵吹散炊烟的晚风。

可生食鸡蛋本就是赏味佳品，搅打均匀并过筛后上锅蒸八分钟，

即将凝固时加入松茸薄片，起锅后淋上淡盐酱油，两种香气交相融合于嫩滑绵软的口感中，仿佛品尝的并不是一道菜肴，而是普达措湖面上掠过的一丝秋风，带来松木轻袭鼻尖的香气，片羽拂过脸颊的温柔。

往东南一千三百多公里，来到贵州最南端的黔南布依族苗族自治州独山县。冬无严寒，夏无酷暑的亚热带湿润季风性气候，给这片大地带来足量的降水与充足的光照，催生出一种独特的大米，长粒形的米粒晶莹剔透，煮熟后口感酥软，富有嚼劲，清香扑鼻，回味悠长。取独山米二两，清水浸泡片刻，黑猪五花肉切丁，下锅煸炒出多余的油脂后，加入广式腊肠、松茸丝、少许生抽，翻炒出香味后与浸泡后的独山米一同放入砂锅中，加少许水焖煮至饭熟，再加入几片鲜切松茸与一勺猪油焖煮，起锅时撒上淡盐酱油，拌匀后食用。

每一颗饭粒中都融入了肉质的丰腴与松茸的鲜香，咀嚼间香气层层叠叠如风吹稻田阵阵，如雨打松林点点，禁不住食指大动。

众多吃法中，怎能少得了一锅松茸鸡汤？

忽然想起那年在昆明第一次吃到的汽锅鸡，单纯而醇厚的滋味至今难忘，于是取出从红河买回来的汽锅，加入清远走地鸡与几片生姜，不加一滴水，慢火蒸出一锅汤清味醇的鸡汤。最后加入松茸片蒸煮一刻钟，只消少许食盐调味，一锅鲜香醇美的汽锅松茸鸡汤便已得成。朦胧烟气未及散去时趁热品上一口，时光瞬间又回到了多年以前，清晨滇池中翩飞的海鸥，午后云南大学台阶旁的斑驳树影，都倒映在了这一汪清汤中。

肆意品尝过后，不禁感叹下一次再得松茸，便是要等到来年了。此时节山中那些无人发现踪迹的松茸，怕是已然开裂脱膜老去，所

幸也有新的孢子随风轻扬。君可知，每枝松茸开伞衰老时，会散播出四百亿个孢子。林中四起的风将这些孢子送到天地间，那些落在岩石或河流中的便化为尘埃，只有飘到松树根系下的得以存活，并在雨露的帮扶下沉入浅层土中，吸收松树根系附近的养分从而长出菌丝，菌丝逐渐增多，再经历五到六年的光景，才能长成一枝松茸。而那些没被及时采下的松茸打开菌伞并老去时，便会将体内的养分反哺给赋予它生命的松树根系和土壤，十不存一，舍身无我。

大自然的因果循环犹如人世间的一场场邂逅，又如父母子女间的抚育反哺，皆是难得的缘分一场，因此，享受美味之余，由衷地珍视这奇妙的相遇，感恩山野的馈赠，期待下一次的重逢。

岭南鲜果忆往昔

回归到五岭以南，此时节的山间果园中，龙眼挂满了枝头，随手摘下一颗，都是沁人心脾的清甜。

关于龙眼最初的深刻记忆，大约还是小学二年级的时候，小舅家办家宴，亲戚朋友欢聚一堂。小舅不知从哪里买回一箱子新奇的饮料，竟是龙眼汁。这可把只喝过橙汁、可乐的孩子们新鲜坏了。抱着对一切饮料来者不拒的探索精神，我和小表妹各开了一罐，只尝了一口，可乐便永远失去了它在我心中第一名的位置。

透明的果汁带着独特淡雅的果香，清甜却不乏味，更不像碳酸饮料般打嗝酸鼻子，实在是从未尝过的滋味。隔着这么多年光景，再度想起那口果汁，我依然忍不住嘴角上扬。说来也怪，后来许多

年里，我却再也没有喝到过那款龙眼汁，其间尝过别的品牌，也找不回当时的味道，那道旧味也成了心头的一点朱砂。

辗转到了少年时期，喜欢追剧的少女总少不了各式各样的小零食。在某位同学的推荐下，我们一群小伙伴陆续把葡萄干、番薯干换成更为养生的龙眼干。不同于熬汤常用的桂圆干，我们拿来当零食的是带壳带核的整颗果干，剥开酥脆的果壳，一层薄薄的琥珀色果肉包裹在果核上。丢进嘴里用唇齿抿出果肉，柔韧中带着一丝丝爽脆，浓缩的香甜比鲜果更为醇厚，每天晚上一边剥壳一边看剧，能吃掉大半斤。为了这口美味，可没少长火包。后来参加工作，忙起来连四季皆有的水果都少吃，更何况是龙眼之类的季节性果实，直到近几年开始遵循节气，关心四季变换，才又与处暑时当季且风俗惯食的龙眼相逢。

今年收到第一筐石硖龙眼时，果子上的露水还未干透。趁着新鲜尝了一串，清甜可口，沁人心脾。赶忙将一些剥皮去核冷冻，又将部分加入椰汁搅打后冻成冰沙，与鲜龙眼、桂花冻、鲜奶油，融合出一杯创意饮品。

趁着午后日头高照，摘下几十枚放在竹筐里置于阳光下晒干，又可找回当年追剧时旧时光的味道。

自然放不下心心念念的龙眼汁，也因这果汁惦记起家乡，索性将本来要做的潮汕经典消暑糖水“清心丸马蹄绿豆爽”改了做法。用鲜龙眼榨出的果汁代替清水，煮开后用来烫熟木薯粉，并加入一些云南的玫瑰花瓣增色提味，制成“龙眼瑰香清心丸”。于是，这一锅既经典又不经典的绿豆爽，便成为我的独特风味，带着淡淡的龙眼香味，饱含浓浓的思念之情。

处暑清心自开怀

处暑时节还有许多传统的节气美食，比如鸭子、玉米、糯米等，来自不同地方的风俗，却都寄托了同样的祈求，便是康健平安。

例如吃鸭子，古人认为农历七月中旬的鸭子最为肥美，食之可补充营养。处暑这日，北京人会去买处暑百合鸭；而江浙地区，处暑做好的鸭子一定要端一碗送给邻居，取“处暑送鸭，无病各家”的美好寓意。

民间说法中，此时节食用玉米与糯米也都能强身健体，加之初秋要预防秋燥与火气，因此又有吃银耳、煎药茶等风俗。其中煎药茶的习俗自唐代已盛行，据闻入秋要吃点“苦”，可清热、去火、消食、除肺热等。

索性取各家说法，结合饮食习惯，用鸭腿两枚，搭配十五年新会陈皮与九制话梅，做成开胃滋润的“陈皮酸梅鸭”。

潮汕名小吃“玉米烙”，结合一些新式吃法，起锅前加入芝士与黑芝麻，制成奶香浓郁可拉丝的“芝香玉米烙”。

磨好的糯米粉，加入抹茶粉与樱花粉调色，揉出三色白玉丸子，竹签串起后搭配成两种吃法。其一是与西米结合制成的“水晶三色丸子”；其二是挤上豆乳奶油，撒上熟豆粉、抹茶粉、樱花粉做出的“豆乳三味丸子”。老福州的传统处暑美食“白丸子”也多了一些缤纷与新奇。

再熬煮一碗处暑必备的“桂花酸梅汤”，节气家宴便可开席了。

几片云飘过，落了一场雨，匆匆又歇了。

不一会儿又是日头高升，添了几分闷热。

这时节的天气便是如此，道是无情却有情，也不知是否真如诗中所言，一场秋雨一场寒。

篱落日倦，针线慵拈，于是手抛书卷，出门迎秋。

竹深林密处虫鸣幽幽，浅水轻流间松风阵阵。清秋将来之际，山水花木仿佛都温柔起来，走走停停间，时光的步伐似乎也随之变得缓慢。万物大抵如此，走马观花，光阴自然匆匆，静心细赏，岁月方得久长。

偶然路过一池疏荷，虽花香已远，却禁不住想在这处暑时节，邀她同做散人，共听晚风轻吟，静看匹练秋光，倾泻半湖明月。

处暑之后，秋意渐浓，愿君自歌自舞自开怀，且喜无拘无碍。

秋梨膏

白露

秋思凝作露，无声细细白

《白露》
唐·杜甫

白露团甘子，清晨散马蹄。
圃开连石树，船渡入江溪。
凭几看鱼乐，回鞭急鸟栖。
渐知秋实美，幽径恐多蹊。

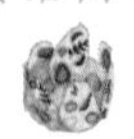

蒹葭苍苍，白露为霜。所谓伊人，在水一方。

白露，秋季的第三个节气，一个充满诗意的节气。

古人以四时配五行，秋属金，金色白，以白形容秋露，故名“白露”。

南风渐微北风吹，白露是反映自然界气温变化的重要节令，此后孟秋结束，仲秋开始，天气会渐渐转凉，寒生露凝。

古人将白露分为三候：

一候鸿雁来。

鸿雁二月北飞，八月南飞，此时节正启程向南。

二候元鸟归。

元鸟指燕子，春分而来，秋分而去,《月令七十二候集解》有云：燕乃北方之鸟，故曰归。

三候群鸟养羞。

《逸周书·时训》曰：白露之日鸿雁来，又五日玄鸟归，又五日群鸟养羞。这个“羞”同“馐”，美食之意。此时节百鸟感知到秋季的肃杀之气，纷纷储备食物以过冬，如藏珍馐一般。

秋意渐浓的节气正是秋收的大忙时节，从南到北五谷丰登，皆是一片热闹景象。各地的民俗也丰富多彩，有祭祀大禹、酿五谷酒、吃十样白、饮白露茶等。

大约是性味所致，总觉“白露”是与清秋最相合的，一抹素色伴三分淡味，成几许清欢。便以此时节的当季果蔬与白色食材，制小菜数道，烹清茗一壶，与秋风同享，共白云对饮。

莫愁白露凉昼夜，自有烟火暖人间。

梨香因露凉

假如说梨花的纯洁与清香曾温柔了春，那么梨子的清甜与滋润则动容了秋。

从片片娇嫩的花瓣，到枚枚饱满的果实，梨树在四季流转间留下了一抹抹动人的身影。这素有“百果之宗”美誉的鲜果，脆嫩多汁、酸甜适口，是秋天里不可错过的滋润美味。

梨树是我国南北各地栽培最为普遍的一种果树，根据《诗经》《齐民要术》等古籍记载，中国梨树栽培的历史在四千年以上。《史记》《广志》《秦记》《西京杂记》《洛阳花木记》及《花镜》等古

籍中，亦记载了众多梨的品种，蜜梨、红梨、白梨、鹅梨、哀家梨……这些名称沿用至今。

梨树全身都是宝，果实以外，从梨根、梨叶到梨花、梨皮均可入药，有润肺、消痰、清热、解毒等功效。

白露正是吃梨的好时节，便从五湖四海采买了几个品种的梨子，有秋月梨、冰糖雪梨、老树雪花梨、比利时啤梨等。采下金秋的第一筐梨子，轻轻切开，伴着一声清脆的声响，晶莹雪白的梨肉便如山中采出的白玉一般，在清秋的晨光下闪动着温润的光泽，梨汁从切缝中缓缓流出，未及品尝，已觉清甜润心。淡雅的果香飘散在此时节晨起微凉的空气中，那香气中仿佛也渗进了丝丝清凉。

除了品鲜果之外，又结合不同梨子的口感和特点，制作成花样菜肴，可使这果实的美味发挥得更加充分。

核小肉厚、体格硕大、脆甜清香的秋月梨，果肉的可利用率高达95%，打磨成果泥后，加入红枣、山楂干、生姜、罗汉果、川贝等，文火炖煮一个时辰，过滤出浓郁的梨汁，再加入黄冰糖慢火收汁，得成一罐甜蜜浓醇的“秋梨膏”。秋天晨起时，舀一勺放入杯中冲水饮用，可止咳祛痰、生津润肺，滋养一秋。

鲜嫩的冰糖雪梨肉嫩汁多，取一枚去核榨汁，用以和面；一枚去核取肉，切成细丁拌粉蒸熟，制成馅料。梨汁和成的面团包裹着梨肉蒸熟的内馅，包裹出形似梨子的小点，温油时入锅慢火炸至金黄，便成就一道外酥里糯的“脆皮梨子”。咬上一口，奇妙的口感使人惊喜，淡雅的果香令人眷恋。

河北赵县出产的老树雪花梨与另外几样粉妆玉砌的梨子不同，果皮呈黄绿色，果面也比较粗糙，但切开果实，细腻爽脆的肉质，清甜丰富的汁液，仍是令人心动不已。味美之外，老树雪花梨还有

较高的医用价值，能清心润肺、利便、止咳润燥、醒酒等。每次到北京，总少不了到饭馆喝上一铜壶的“小吊梨汤”，用老树雪花梨来煮，定是不错的选择。

取银耳半朵，清水泡发。梨子用粗盐搓洗干净，削皮切块。炖锅加水，将泡好的银耳、梨皮、梨肉放入锅中，加入冰糖、枸杞、话梅，大火煮开后慢火再煮半个小时，即可享用这酸甜清润的佳品。除了饮用梨汤之外，家常做法的“小吊梨汤”连汤料都是可食用的，二者相佐，滋味更加。

来自遥远国度的啤梨有着软糯的口感，甜蜜的口味，且清香独特，第一次食用时，还以为误拿了一枚长得像梨子的“蛇果”。可爱的外形、鲜艳的色彩，忍不住让人想发挥一点美食上的奇思妙想。

用削皮器将啤梨削薄片，浓糖水熬煮两分钟后，将各色可食用鲜花、水果薄片与叶子点缀在梨片上，低温烘干，制成透亮干脆、

蜜香迷人的“水晶梨片”。捏起一片咬上一口，清脆的声音过后便是满口的果香与甜蜜。再取一枚用梨汁制成的果冻，以水晶梨片围边，做成形如灯台，五彩华光的“水晶琉璃盏”，赏味之时，更为清秋添了一抹剔透的色彩。

在我的家乡潮汕地区，梨子也是日常不可或缺的重要水果，并且当地人给了梨子一个统一称呼——山东梨。大约是他们最早接触的梨子都产于山东，又或许是山东的梨子声名远播，故得此称。潮州有一首歌谣是这样唱的：撑船仔，撑到汕头买物件（东西），买乜个（什么），买山东梨。这是山东梨的名声在潮汕已是妇孺皆知的铁证。

此外，潮汕地区还有一种独特的稀有梨果，是在其他地方难以吃到，甚至少有听说，就是鸟梨。据说揭阳、汕尾、潮州等地曾为力证自己是此果的原产地而搬出各种古籍，可见其地位之重。鸟梨的个头很小，还没有乒乓球大，且颇受鸟类喜爱，常啄食之，故而得名。鸟梨味道酸涩，不能生吃，需煮过后用甘草糖水腌制，做成酸甜怡人，开胃可口的零食，在潮汕地区是最受欢迎的畅销佳品之一。

犹记得儿时居住的小巷子里，会在午后时分传来断续的叫卖声：“油柑鸟梨……爱买咧来……[①]”小贩的板车上通常放着两个大塑料盆，一个装着新鲜橄榄，另一个便是浸泡在甘草糖水中的鸟梨。

已记不清有多少次因囫囵吞梨，而被包裹着的糖水呛坏。时隔

---

① 潮汕话：油柑鸟梨，要买的快来！

二十多年，再次在白露这日尝到这久别的味道，只觉得酸甜之中，更多了一层岁月的回甘。

露白添秋色

作为凉热交替的重要时节，白露节气也有不少养生方面的讲究，食俗自然少不了。

此时节宜食用温补清淡的菜肴，其中补虚养血、清润祛湿的鳗鱼是不错的选择。当季的鳗鱼最为肥美，是赏味佳期，苏州更有“白露鳗鲡霜降蟹”之说。

家乡有一道名菜正适合此时节制作，便是“咸梅蒸乌耳鳗”。取潮汕家庭必备的腌咸梅，与姜蒜末、白糖、麻油等一同炒制成特制梅汁；新鲜乌耳鳗环形切段，抹上梅汁上锅蒸熟，再淋上特调的芡

汁。咸梅的甘酸与酱汁的微甜，渗入肥美鲜嫩的鳗鱼中，咸香不腻，令人食指大动。

再取去骨鳗鱼肉段，调一碗浓郁的蒲烧汁，刷汁香烤。出炉时，肉嫩香浓，酱赤味美。以香米饭打底，依次放上鳗鱼肉块、蛋丝、白灼西兰花，淋上一勺熬煮浓稠的蒲烧汁，撒上少许海苔丝与白芝麻，制成“蒲烧鳗鱼饭”。将鱼肉、汤汁与配菜拌在饭里，大口咀嚼，顷刻间便拥有了最简单直接的满足与幸福感。

除了鳗鱼，番薯也是白露的食材上选。民间有说法，白露这日吃番薯饭后不会发酸，故旧时农家在白露节以吃番薯为俗。取福建六鳌蜜薯，蒸熟后加入炼乳捣泥，和糯米粉揉成团；切成剂子后包入马苏里拉芝士，整形后刷上蛋液，撒上芝麻，烤箱烘烤，便成“芝香红薯饼”。出锅时软糯拉丝，咸甜适口，滋味动人，风味独特，叫人禁不住一个个品尝。

作为二十四节气中唯一一个名字带色彩的节气，人们自然少不了在这个“白”字上做文章。

民间有白露吃“十样白”、带“白”字食材的风俗。便取此时节鲜美脆嫩的茭白，削成毛笔形状，白灼后佐以酱汁调和出的“墨水”。这道“玉笔茭白”，不知可否以淡雅清甜的味道，写出一首名曰“秋思”的诗篇。

吃“十样白”的风俗源自浙江温州地区白露当天的“食白”习俗。这个“白”是种药膳，人们采集十种名称里带“白”字的草药，即白芍、白及、白术、白扁豆、白莲子、白茅根、白山药、百合、白茯苓、白晒参，煨一只白毛乌骨鸡，养生之余可保一秋安康。便依照习俗制之，炖出一锅“十白鸡汤”，药香馥郁，汤汁鲜美，鸡肉酥烂，果真是白露滋养的好汤品。

温茶暖衣衫

晨起入山林，用白瓷碗采集得来的清露，此时正在炉火旁温着。

“收清露”是白露节气的古俗，今人已多不了解，但作为白露节气的特别的“仪式”，在清晨时分上山采露，空林寂寂，草香隐隐，偶尔一只早起的鸟儿飞过，发出一声清脆的啼声。这番令人心旷神怡的境遇，倒也是另一种收获与“疗愈”。

核桃炭烧得火红时，砂壶里的水便开了。将半两白露茶置于建盏壶中，于黄昏时慢慢冲泡出阵阵淡雅的茶香。

春茶苦，夏茶涩，要喝茶，秋白露。民间素来有这样的说法，大抵是因为白露茶不似春茶鲜嫩易淡味，也不像夏茶干涩味稍苦，更多了一丝前两季积攒下来的甘醇与回味，适宜在清秋之时伴着几缕清风，慢品一段岁月。

一壶茶烹完，真正凉爽的季节便要开始了。

天上落下几滴露，人间凝成一片秋。

虽久居四季如春之地，尚未觉衣衫渐薄，但晨起叶尖的莹莹白露，清夜空中的皎皎明月，皆是秋之信使，提醒着金凤将至，岁月忽晚，譬如朝露，莫负良辰。

露从今夜白，月是故乡明。

露水不似雨，它落地无声，却润湿万物，一如思念不可见，却无处不在，最难割弃。

白露过后，不久便是中秋，思乡情意愈发浓烈。便取清露几滴，沾笔写成家书一封，以无声之水记无形之思，寄予时光中久别的故人，告知她此心安处，便是吾乡。

夜深露重时，莫忘贴心人提醒，茶已温，多添衣。

《十五夜望月寄杜郎中》

唐·王建

中庭地白树栖鸦，
冷露无声湿桂花。
今夜月明人尽望，
不知秋思落谁家。

中秋节，又名“祭月节”“秋节”“月娘节”“团圆节”等，由上古时代秋夕祭月演变而来，是我国最重要的传统节日之一。

民间在这一日有祭拜月亮、庆祝丰收、赏月游园等习俗。

节到中秋物丰饶

在我的家乡潮汕地区，中秋节最重要的仪式当属拜月。

月属阴，叫“太阴娘”，潮汕民间称为“月娘”，拜月称为“拜月娘”。

中秋前几日，各家各户便要开始采买、制作“拜月娘”的供品。折塔是最重要的准备工作，据说判断一个传统潮汕女子手艺如何，便是中秋节看她折的塔。将吉祥金纸按照传统手法，加入自己的巧手妙思，折出一座融合智慧与勤劳的金纸“宝塔”，是最具特色的供

品之一，表达了对月娘的虔诚心意。

今年，我第一次学着折塔，自学过程好比摸石头过河，熬了几个大夜才终于折出两座金光闪闪、珠翠环绕的金塔和几枚色彩艳丽、造型可爱的花篮。

供品中自然少不了月饼。各地月饼种类繁多，张罗着制作了广式、苏式、京式、新式的冰皮、流心等月饼，各式各样，口味丰富。最点睛的要数潮汕传统月饼“朥饼”。

“朥”是猪油的意思，用猪油与面粉制成的起酥饼皮，包裹着绿豆沙、乌豆沙、芋泥等馅料，以其香甜、脆软、肥而不腻驰名海内外。

鲜果必不可少，苹果、橘子、柚子、石榴、油柑、橄榄，以及最具特色的拜月水果——林檎。这种外形特别、香味独特的水果原产于澳大利亚，学名“番荔枝”。约两百多年前，汕头澄海区樟林的旅泰华侨从国外将林檎的树种带回家乡，种植于樟林茎巷一带。后来该地渐渐扩大种植，荏苒光阴中，当地农人以多年积累的丰富经验，培育出果大

肉厚的林檎，使其逐渐成为潮汕名果，更成为不少海外游子最为想念的家乡味道。每当林檎的味道在街头巷尾飘起时，便知道中秋的脚步近了。

还有一样不可或缺的供品是芋头。此外，形如书本的潮汕特产“书册糕”也是中秋节备受欢迎的供品，寓意书香门第，祈求学有所成。

随着时代的发展，“拜月娘”的供品也在日渐创新。化妆品和文具等纷纷加入，寄托了美貌常驻、学习进步等美好愿望。

犹记得中学时，我的一位女同学因作业本上常写错字被老师批评，于是中秋之夜，她便买了许多涂改液、修正贴去“拜月娘”。谁知此后她的错别字增长了一倍有余。我们纷纷赞叹：月娘真灵验，她必定以为你想多要一些错别字，于是赐给你大量错字，让你供奉的涂改液、修正贴都用得其所，用个精光。

诚心礼拜求庇佑

中秋这日晚饭后，众妇孺会带着准备妥当的丰富供品，张罗着“拜月娘”。

“拜月娘”须选在露天场所。城市居民通常在阳台或自家庭院内进行，乡村百姓大都集中到村里的大埕或祠堂。儿时在家乡，我们是和众房亲相聚在祠堂祭拜。

从很小的时候起，每年中秋之夜，我便早早吃晚饭、沐浴更衣，然后和母亲一道带着各色供品到祠堂拜月。同宗的姑母、姨妈、婶

娘以及房亲姐妹相聚一处，供桌上摆满了各色果品金塔，鲜艳的红、耀眼的金，在古老的祠堂里交映出一片璀璨。

潮汕人素有“男不祭月，女不祭灶”的俗谚，当妇女儿童忙活着拜月时，男子们便约上三五好友，泡上工夫茶，赏月品点，闲笑庭前。

灯影点点照团圆

拜完月娘，少不了提花灯、游园猜灯谜等活动。儿时可没有如今这些造型精致的灯笼，更没有安全方便的电蜡烛，常见的灯笼大多是用奶粉罐、茶叶盒改造而来。不管外形多么粗糙，只要烛火燃起，便可点燃孩子们的所有热情与快乐。如今想来，那样的灯笼仿佛才更有节日的味道。

而今年为了使节日氛围更浓烈些，特意研习制作了非遗鱼灯。竹条弯出造型，拼好一节节的骨架，立上把手。竹条之间仅用纸条与浆糊固定，手劲要恰到好处。骨架糊上宣纸，裁成刚好的尺寸与形状，再画出鱼身纹样。点缀装饰，加入光源，拼接成可灵活游动的锦鲤。

说时寥寥几句，制作起来则能着实感受到传统手艺人的不易。

又借着劲头制作了一盏兔子形状的传统布艺花灯。有了做鱼灯的经验，兔子灯做起来可谓得心应手。

花灯制成，一番游玩自然是不能少的。

家乡的中秋夜，燃烧的火光几乎可以将夜晚点燃。潮汕的中秋节有一项有趣的习俗，就是烧塔和燃烟堆。用砖瓦在晒谷场或祠堂前的空地砌起一座高塔，各家拾来的稻草柴片填在塔中，拜月结束后将塔点燃。熊熊火焰对着朗朗明月，将中秋之夜照得火亮，而这

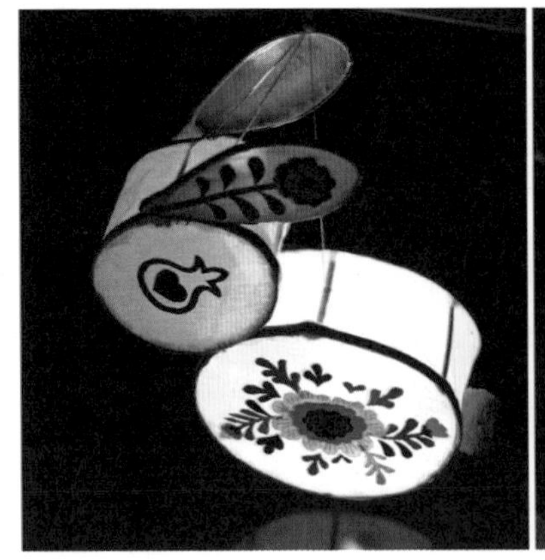

束火光会将人们的所有祈愿送到天上，让往后每一个寻常的日子都变得红红火火。

一轮皓月当空，四海皆盼团圆。

中秋节在许多游子心中，或许比春节更为浪漫与重要。

当明月在山间海上升起，必定会有你牵念的人与你一同抬头，望向月圆的方向。透过淡淡清辉，相思不再被关山阻隔，祝福不再因沧海难传。月光所及之处，一定有你我的故乡；素影相照之时，便可抵达彼此所念的远方。

据传中秋这一日月娘能实现人们的所有愿望。

但愿四海无尘沙，有人卖酒仍卖花。

祝各位中秋快乐，花好月圆。

秋分

丹若醉，欲书花叶寄秋桂

《三用韵·其三》

宋·杨公远

屋头明月上，此夕又秋分。
千里人俱共，三杯酒自醺。
河清疑有水，夜永喜无云。
桂树婆娑影，天香满世闻。

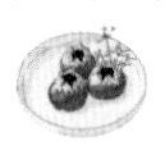

山间一回首，秋色已分半。

秋分，秋季的第四个节气，天地间至此阴阳相伴，昼夜均而寒暑平。

“秋分”之名有两层含义：我国古代以立春、立夏、立秋、立冬为季节之始划分四季，秋分日居于秋季正中，平分了秋，此为其一；二是这一天日夜时长均等，各为十二个小时。

古人将秋分分为三候：

一候雷始收声。

秋分日后，阴气渐重，古人认为雷因阳气盛而发声，阳气渐弱便不再打雷了。

二候蛰虫坯户。

“坯”为细土之意，天气渐冷，蛰居小虫开始藏入穴中，并用细土封闭洞口，以防寒气入侵。

三候水始涸。

此时节雨量减少且天气干燥，江河湖海水量变少，沼泽水洼处则处于干涸之中。

与“春分”一样，秋分也是古人最早确立的节气，曾是传统的“祭月节”，中秋节也是由这一日演变而来。据史书记载，早在周朝，帝王便有春分祭日、夏至祭地、秋分祭月、冬至祭天的习俗。《礼记》有载：天子春朝日，秋夕月。朝日之朝，夕月之夕。

祭祀的场所称为“坛”，有日坛、地坛、月坛、天坛，北京的月坛就是明清皇帝祭月的地方。

秋分时节，五谷丰登，是重要的“丰收节”。民间在这一日有送秋牛、粘雀子嘴、拜神、竖蛋、吃秋菜等风俗，以趣味丰富的方式庆祝丰收，共享秋光。

一溪轻云随风，十里金桂飘香，千颗榴籽含丹，万里秋水漾漾。

总觉世间之美，始于春，盛于夏，成于秋。

在一年中最美的桂秋之日，邀君一道畅饮桂花酒，细品石榴香，不与日月争长短，唯愿温柔常相伴。

恰似丹若醉清秋

在遥远的记忆里，儿时家中有一架木质的老眠床，三面有围，四角立柱，上有顶棚，顶下四周有横楣，皆是吉祥镂花的样式。朱漆随年月长久而变成赭红，但围板上的雕花彩绘却历久弥新，各色花鸟瓜果栩栩如生。

印象最深刻的是眠床正面的一幅“喜鹊石榴图”，一枚枚鲜红饱满的石榴纷纷裂开了皮，露出里头无数颗鲜艳欲滴的石榴籽。灵动的喜鹊停在硕果累累的枝头，翅膀半开着，就忙不迭地伸头去啄石榴子，看它欢快的模样，便可知那果子甜蜜无比。

小时候，我总爱贴着这幅围板，一遍遍不厌其烦地盯着那些石榴看得入神，看久了，仿佛自己也变成那只喜鹊，尝到了一口枝头的果子，甜得嘴巴都张不开了。有时候静下心来一颗颗地去数石榴

子，想着一定要数清楚究竟有几颗，结果数不到一半便已酣然睡去，而那些总也数不清的石榴子，也将我带入了数不清的甜美梦境。

邻居们纷纷换用西式床的时代，老眠床也被一架白色烤漆的简约新式床取而代之，我为此难过了好久。但那幅充满了喜悦与甜蜜的动人围板图，却永远印刻在了我脑海里。大约是这个缘故，我向来为石榴着迷。加之潮汕人家家户户种有石榴花，花开后总能结些小果子在枝头，真叫人爱不释手。

长大后得知石榴又名“丹若”，竟与我的名字有些关联，更是倾心不已。每回得来一枚果子，总要留到不能再熟的地步，才小心翼翼地将其打开。掰开那层薄薄的果皮时，总有无数颗晶莹剔透的榴籽欢快地蹦出，带着甜香的果汁，满载我儿时的美梦。

国人一向视石榴为吉祥物。古人称石榴“千房同膜，千子如一”，象征多子多福，更有繁荣、昌盛、和睦、团结、吉庆、团圆的

佳兆，是传统文化中不可或缺的重要元素。翻开历史的书卷，处处可见石榴的身影。

唐代，流行结婚赠石榴的礼仪，并开始有了关于石榴仙子的神话传说。民间嫁娶时，常于新房案头置放切开的石榴，寓意“榴开百子”。

宋代，盛行石榴对联和谜语，人们还会用石榴果裂开时露出的种子数量，占卜科考上榜的人数，就有了“榴实登科”一词，寓意金榜题名。

金元时期，民间开始流行“石榴曲”；到了明清，因石榴上市正逢中秋，又有了“八月十五月儿圆，石榴月饼拜神仙”的民俗。

桂秋之时，石榴当季，钟爱石榴的我自是迫不及待。四川会理的软籽石榴是近年来最青睐的品种，其果硕大，色艳皮薄，透若宝石，甜如蜂蜜，籽软汁浓，余味留香。切开顶盖后沿着筋络切成几瓣，撕开薄膜，用小锤子轻轻一敲，一场绯红的石榴雨便落在瓷盘子里。一勺勺舀起放进口中，顷刻便收获了整个秋天的甜美。

软籽的果子适合榨汁，便取果汁调和蒟蒻粉，制成石榴脆啵啵。气泡水拌入食用云母粉，宛若流动的云霞，二者结合，圆形小球浮动于幻彩水中，在爱心杯里上演了一场“流光飞舞”。霞光流动间，缱绻动人，不禁心醉。

取石榴籽装在密封盒中，冷冻后拌入酸奶，酸奶遇冷会在石榴籽上凝结成一层白霜，清新可爱的样貌，奇妙可口的滋味，这一盏“霜华凝丹”是干燥的秋日里滋润动人的小甜品。

近些年来，冷萃茶愈发受到喜爱，以乌龙茶为多。突发奇想地

将石榴与家乡的“鸭屎香”单丛茶结合，制成冷萃果茶。淡雅的茶香与清新的果香融合出未曾尝试过的酸甜醇香，轻抿一口，眼前忽而又浮现了老眠床围板上那幅“喜鹊石榴图”，鼻间飘荡着老房子里的幽幽茶香，而我仿佛又将在满心甜美中酣然入梦。想来，这杯茶饮须得唤作“旧梦榴香”，才能尽表此时心境。

欢喜之余，又担心果期一过无以品尝，于是用炼乳与鸡蛋、面粉和出面皮，裹入红豆沙，捏出略有几分形似的“石榴果子”，伴着清茶细品，倒也可成四季相伴的心愿。

品尝完果实，果皮也不舍得丢，放在院子里晒干，便是天然的染料，煮水后可做衣物染色用，能染出明而不媚的缃色。去年曾用来染过围巾赠与友人，共享一片秋意。

几味小点与清饮，借一缕幽幽榴香，赏一段悠悠秋光，虽无小酌，却也仿佛微醺，带着三分炽热，一往情深。那便相约下一个秋

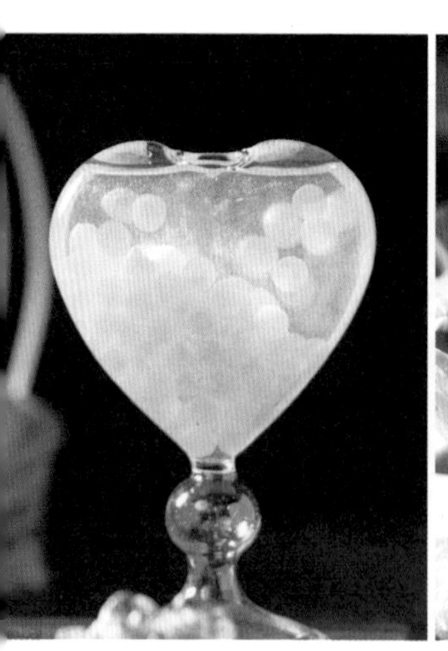

季，再来共品这抹甜香。

桂香飘处秋意浓

晚来一阵清风，送来桂香阵阵，馥郁的香气仿佛将夜色也熏得浓烈起来。

农历八月又有“桂秋”的雅称，只因此时节桂花盛放，十里飘香。

中秋与秋分皆有一习俗是“饮桂花酒”，以桂花与米酒酿成的琼露甘甜芳香，小酌之间竟分不出是为酒而醺还是因花而醉。

今年秋分日，浅尝桂花酒之余，又取新鲜桂花与冰糖、白酒同酿，不消多日，便可尝到亲制的醇香。想来定然更是醉人。

家中常会制作中式小点，时常用到糖桂花，便取金桂，以农家

百花蜜浸之，再加入今秋以来的种种感知、过往秋分的难忘趣事，一同封存，不消数日便可得到一罐蜜香浓郁的桂花蜜。可制小点，可润身心，可解秋愁，更可忆往昔。

从桂花的馨香中回过神来，便开始张罗秋分的节气菜肴。

岭南地区秋分时节有吃秋菜的习俗。所谓秋菜是一种野苋菜，又名“秋碧蒿”，常见于野外。人们从户外采得秋菜，会与鱼肉同煮，制成“秋汤”饮下，据说可保一秋平安。于是将巴沙鱼柳打成肉泥后，加入佐料反复摔打，做成爽口弹牙的鱼丸，与秋菜同煮，烹出一道“秋菜鱼丸汤”，祈望秋汤入肚，顺利安康。

此时，芋头正当季。芋头又名“芋艿”，与南方一些地区的“运来”发音相似，因此秋分吃芋头寓意好运来，老北京也有秋分之日吃芋饼的习俗。

芋头亦是我心头所爱的食材，独特的香气，绵软的口感，无论甜咸口味皆让人欲罢不能。

取荔浦芋头蒸熟捣成泥，包裹入软糯的麻薯、咸香的肉松蛋黄，夹在早餐饼干中间制成车轮形的芋饼，粘上蛋液与芝麻后入锅油炸，便成了甜糯与酥脆双重口感的“酥香芋饼”。

五花肉丁煸香，加入腊肠丁与虾米爆香，关火冷却后拌入芋头丝、红薯粉，在方盘中压实后上锅蒸熟，再切块香煎，“广式芋头糕”的滋味是令老饕们垂涎三尺的。

自然也少不了“潮汕反砂芋”。香芋切成条状，油炸后放入熬好的糖浆里，橘皮丁与香葱必不可少。火候需要耐心摸索，不紧不慢地翻炒出层层糖霜，尝上一口，这道潮汕名小吃定会给你带来难忘的美味体验。

鸡蛋也是秋分节气的传统食物之一，这司空见惯的食材亦可做

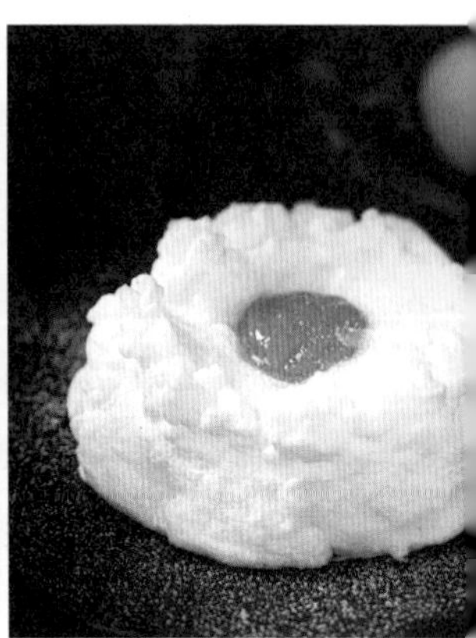

出不一样的美食来。

无菌鸡蛋煮至溏心状态，用调好味的肉末包裹住，再沾上各色面包糠，油炸出一枚枚缤纷的“秋日彩蛋”。切开酥脆的表皮，丰厚的肉质与流黄的鸡蛋合而为一，口感丰富，可大快朵颐之。

蛋白与蛋黄分开盛放，蛋黄搅打均匀，与牛奶、淡奶油、白砂糖混合后，放入烤箱中水浴烘烤，制成香嫩清甜的“鸡蛋布丁”。

蛋白加入白砂糖打发，在烤盘上做出不规则样式，添上一颗蛋黄，烘烤成轻盈可爱的“云朵蛋”。漫画般的既视感为秋分的鸡蛋料理添了几分童真。

据闻秋分的田螺是一年中最值得品尝的，广东人向来有中秋、秋分吃田螺的习俗。恰好院子里的“金不换”长得正好，家乡人离不开的这小叶子香味独特浓郁，适合与各种河鲜、小海鲜同炒，可激发出鲜美而特别的滋味。于是便将田螺反复清洗干净、剪尾、入锅爆炒，制成“金不换炒田螺”，是秋日里香味动人的家常小菜。

秋分还有一项渐渐不为人知的食俗，那便是做“面雀”。

古时，讲究的人家会在秋分之日，将糯米与糖、猪油和水揉成的面团，用鸟类的模具做出不同形状的“面雀”来，既美味又有趣。岁月流逝中，这项传统渐渐失传。被这趣味所动，辗转订得两枚小鸟形状的木模具，按照传统方法制作出几枚“面雀”，再画上几笔羽毛，点上眼睛，雀儿便翩飞在盘中，既软糯美味，又古朴可爱。

数道菜肴制成，既有当季食材，又有传统食俗，伴着清幽桂花香，在黄昏的餐桌上，酝酿出一场浓浓的秋意。

拟将秋思付流光

春分时习得的竖蛋技能在秋分这天又可重施，两枚写着“秋分”字样的鸡蛋竖立在案台上，节气的氛围又浓了三分。

虽已无田地，仍旧遵循古俗，找来一幅“秋牛图”，在红纸边上写下二十四节气的名称与吉祥话，进行了一场“送秋牛”。

又煮了几枚实心汤圆，用竹签串起插在菜圃里“粘雀子嘴”。只望雀儿吃了汤圆便不再惦记着我这几枚小瓜小果，可使我也感受一番丰收的喜悦。

一番捣鼓过后，天色将晚。顺着鸟儿归巢的方向望去，一抹晚霞浮动在山边，如绸带一般轻盈飘逸。不禁忆起那年秋分的清风自海上来，拂过棕榈的叶子，在另一侧的天边凝出锦纱绸缎般的云彩。

整个人间在这一日平分一场秋色，同赏一片温暖柔软的金黄。

在清秋的夜里，掬一把星河入梦，梦中秋池渐涨，秋叶渐黄，待到梦醒时，恰好半是烟火，半是清欢。

今日酿下的桂花蜜，将甜美往后每一个寻常的片刻，此时共品的时光里，会刻下仲秋最美的回眸。

便在如斯静好之时，将秋思悄然分半，一半赠予卿，一半付流年，唯愿时光如初，你我如故。

祝秋安。

《九月九日忆山东兄弟》

唐·王维

独在异乡为异客，
每逢佳节倍思亲。
遥知兄弟登高处，
遍插茱萸少一人。

农历九月初九重阳节，是传统的民间节日。“九”在《易经》中为阳数，二九相重，又称“重九”。

由于“九九”与“久久”谐音，有长久之意，又有九九归真，一元肇始的寓意，古人认为是吉日，因此古时的重阳节有登高祈福、祭祖拜神、饮宴求寿等习俗。《吕氏春秋·季秋纪》中，便有古人在九月丰收祭飨天帝、祭祖等活动的记载。据史学家考证，重阳节的源头，或可追溯到上古时代。汉代著作《西京杂记》中收录了古时重阳节祈寿之俗，是文字资料上关于重阳节求寿之俗的最早记录。而重阳节的大型饮宴活动，则是由先秦时庆祝秋收宴饮发展而来的。

在民间传统观念中，“九”是数字中的最大数，有长寿的含意，寄托着人们对长者福寿绵长的祝愿，因而时代的变迁中，重阳节又增加了敬老崇孝的主题。

登高

登高作为重阳节最广为人知的习俗，古已有之，重阳节更有“登高节”的别称。

古人对于山岳的崇拜或许是这一风俗的重要源头，而在道教文化中，九月初九重阳之日是“羽化升仙”的最好时机。道家认为重九这日清气上扬，浊气下沉，地势越高，清气愈多，便可乘清气而升天。

古往今来也诞生了不少与登高有关的神话传说。“登高避疫”“登高寻九节菖蒲以长生不老”“登高山带回雷电火种”等不胜

枚举。如今，人们依旧传承着重阳登高的习俗，秋日清朗，登山远望，既是对传统文化的敬畏与崇敬，也不失为佳节趣事。

赏菊

重阳赏菊的习俗由来已久，据闻起源于晋代文学家陶渊明。五柳先生爱菊之名天下皆知，菊花淡雅通透、凌霜不屈的品格，自古被认为是君子的象征。

重阳前后菊花遍开，唐宋时，赏菊便已成为节日风俗。宋代，菊花品类繁多，赏菊之风更逾越前代。孟元老在《东京梦华录·重阳》中写道：九月重阳，都下赏菊有数种。其黄白色蕊若莲房曰“万龄菊”，粉红色曰“桃花菊”，白而檀心曰“木香菊”，黄色而圆者曰“金铃菊”，纯白而大者曰“喜容菊”，无处无之。足见宋代赏菊之盛况。明清两朝更有堆菊花山的重阳习俗。

民间给了农历九月"菊月"的雅称，人们赏菊、戴菊、饮菊、食菊，可谓"无菊不重阳"。此外，古人还簪戴菊花，以消灾避邪。

插茱萸

插茱萸是重阳节的代表习俗，相传始于东汉，晋代成俗。

晋代葛洪《西京杂记》中有载，汉高祖刘邦的宠妃戚夫人，每年九月九日头插茱萸、饮菊花酒、食蓬饵、出游欢宴。

重阳时节秋高气爽，恰好是茱萸这种气味辛辣的小山果成熟之时，唐人将茱萸或插戴于头上，或装在香囊中佩带于腰间。由于茱萸香味独特，传说可驱邪治病。而王维一句遥知兄弟登高处，遍插茱萸少一人更是为这一风俗添上了思乡怀人的情愫。

食蓬饵

重阳节的应节美食当属重阳糕。据《西京杂记》载，汉代已有九月九日吃蓬饵之俗。蓬饵是古代花糕，“糕”与“高”同音，取步步登高的吉祥寓意。

重阳糕的样式众多，有花糕、菊糕、五色糕、印字方糕等，听闻讲究的重阳糕要做九层，并在糕上装点两只小羊，以应“九九重阳”之意。

此外，还有一些菊花形状的食品如菊花酥，当季的点心如桂花糕等，亦是近年来备受欢迎的重阳美食。

敬老

在家乡，重阳节亦是老人节。儿时，我们都要在重阳节给长者“柯[1]香饭”，以尽孝道。将芋头炒香后与米饭同焖，并将多种食材混合炒制后拌入香芋饭中，便制成一锅香气诱人的潮汕香饭，融进了潮汕人尊老孝敬的优良传统，也饱含了长寿安康的祝愿。

重阳这日，循着传统习俗，略备糕点数碟、菊花酒一壶，登高迎秋，极目远眺。一片霞光洒落在海面上，远处山的影子也变得朦胧起来。遥望云朵飞去的方向，仿佛有一个微小而模糊的光点在隐隐闪动，那大约便是我心中的故乡。

与重阳有关的诗词众多，最打动人心的却还那一句：每逢佳节倍思亲。

一株火红的茱萸，一朵清香的菊花，簪在青丝间，落在心头上，不知相隔天涯的亲人能否在另一抹红色，另一阵香气中，得知我此刻的思念与祝愿。

顿觉古人将重阳节定于九月九日，大概与我们是心意相通的，皆盼天长地久、福运绵长。

人共菊花醉，茱萸梦里香。

愿君年年逢佳节，岁岁皆吉祥。

重阳安康。

---

① 柯：潮汕话，取同音，指烹饪手法。

菊花酒

露华凝菊彩，寒烟秋意浓

《咏廿四气诗·寒露九月节》

唐·元稹

寒露惊秋晚，朝看菊渐黄。
千家风扫叶，万里雁随阳。
化蛤悲群鸟，收田畏早霜。
因知松柏志，冬夏色苍苍。

菊月至，万物清。

幽幽花香中，已到了秋季的第五个节气，寒露。

《月令七十二候集解》有云：九月节，露气寒冷，将凝结也。

寒露标志着天气由凉爽向寒冷过渡，饶是气温尚高的岭南，清晨与黄昏时，也已有习习凉风拂面。偶有秋雨忽至，更显秋意将浓。

古代将寒露分为三候：

一候鸿雁来宾。

此节气鸿雁列队大举南迁，一说是仲秋先到者为主，季秋后到者为宾。

二候雀入大水为蛤。

寒露过后，天气渐寒，雀鸟少见而海边蛤蜊陡增，由于贝壳的条纹及颜色与雀鸟相似，古人便认为是雀鸟入水化作蛤蜊。

三候菊有黄华。

秋深露冷，百花谢去，唯有菊花开得绚丽夺目，一抹金黄恰如秋之华彩，熠熠生辉。

金风送爽，天高云淡，正宜出游，民间在寒露有登高、赏枫等习俗。恰逢菊黄蟹肥时，亦不要错过赏菊、饮菊花茶、品螃蟹等雅事。

每至带“露”字的节气，总不免感叹流光易逝。山间岚烟起时，遥想北地应是层林尽染，硕果飘香。生怕错过这一抹秋色，便将远方捎来的山楂果子制成几色小点，伴菊香一缕，淡茶两盏，尖团几只，细品秋味。

不畏烟水茫茫，只愿秋长漫漫。

且以闲情待蟹秋

秋风起，蟹脚痒。寒露前后螃蟹肥美，正是品尝的好时节。

蟹乎！蟹乎！汝于吾之一生，殆相终始者乎！发出这肺腑之叹的，是爱蟹如痴的大才子李渔。他形容自己嗜蟹如命，这一点从他的《闲情偶寄》中可以看出——饮馔部“肉食”类目中，篇幅最长的即是“蟹”这一条。

李渔说自己在每年螃蟹还未上市时便将买蟹的钱准备好，家人笑他准备的是“买命钱”。螃蟹上市的这段时间，李渔没有一天不吃蟹，甚至将九、十月称为“蟹秋”。为怕下市后无以品尝，他还让家人酿酒腌蟹，所用的糟叫“蟹糟”，酒叫“蟹酒”，坛子叫“蟹瓮”，甚至连家中勤于做蟹的丫鬟，也得了“蟹奴”的名字。

这份痴爱不禁使我想起《红楼梦》第三十八回的那一场“螃蟹宴”。若是李渔在场，定然欢畅无比。

在炊金馔玉的大观园中，这场以螃蟹为主题的私宴可谓简单至极，食单上只有三品：螃蟹、酒、果碟。妙就妙在，那一日，上至贾母下至丫鬟，整个园子里的尊卑老幼齐聚在藕香榭的桂花树下，浓浓的秋意中，馥郁花香伴着香醇黄酒与肥美蟹肉。众人饮酒品蟹后，或看花弄鱼，或作画对诗，无分上下，共享至味。看似随意不羁，却凑成一席旷世盛宴，牵动着无数读者的柔肠。

席上，不爱热闹的黛玉独自钓鱼后又回到座间自斟酒喝，说是吃了一点螃蟹就觉得心口微疼，需要热热地喝口烧酒，宝玉当即命人送来合欢花浸的酒。不知宝哥哥送来的“合欢酒”能否解林妹妹的“心口疼”，这一幕又为这场宴席平添了三分挥之不去的牵念。

我也钟爱吃蟹，更何况除了品尝美味外，还能用来追溯文学作品中的种种情缘，更是不能错过。

今年秋分后阳澄湖开湖，当季的大闸蟹最是鲜美。

九月圆脐十月尖，持螯饮酒菊花天。阴历九月，雌蟹饱满，而雄蟹要等到十月才会有膏，因此寒露时节适宜食用母蟹。

清蒸自然是最能保留螃蟹鲜美原味的方法，也是曹雪芹、李渔这等雅人推崇的吃法。蒸蟹时只需加入紫苏、姜片，淋上少许黄酒，蒸熟后蘸一点用姜末、酱油和醋调出来的酱汁，佐一杯温好的黄酒，便是清秋里最令人食指大动的好滋味。

“蟹粉狮子头”是蟹肉料理中的经典之作，麻烦之处在于拆蟹。将蒸熟的大闸蟹细心地取出所有黄与肉，拌入肉末中，加些许马蹄与佐料一同摔打，起劲后团成圆球，加入鸡汤中文火慢炖两个小时，便能品尝到这道汤清味浓、鲜美软嫩的传统名菜。

爱蟹之人想必都无法拒绝丰腴动人、香浓无比的“秃黄油”，那是最简单直接的味觉冲击。螃蟹蒸熟后取出蟹膏蟹黄，锅中入猪油或肥膘末，爆香葱姜后加入蟹膏蟹黄，洒少许黄酒焖透，再以高汤调味，便制成“秃黄油”。不加一丝蟹肉，成品芳香浓郁，美味不可方物。

石锅烧出来的米饭自带风味，开锅时趁热倒入满满一碗“秃黄油”，高温的石锅发出的那一声声“嗞嗞”响，不知唤醒了多少馋虫。稍加搅拌，这一碗“秃黄油石锅饭”便是最极致的美味享受。

蟹肉蒸熟后，加入咸味沙拉拌匀，牛油果压成泥后，与蟹肉叠加搭配，制成清爽的“蟹肉牛油果沙拉”，秋日里食用，清新滋润，恰到好处。

早前翻阅古书，对《山家清供》中那道“蟹酿橙”颇感兴趣：橙用黄熟大者，截顶，剜去穰，留少液。以蟹膏肉实其内，仍以带枝顶覆之，入小甑，用酒、醋、水蒸熟。用醋、盐供食，香而鲜，使人有新酒菊花、香橙螃蟹之兴。按书中所述试着做了，橙子的鲜甜与螃蟹的鲜美竟融合得恰到好处，是几道螃蟹料理中的意外收获。不得不感叹古代吃货们的巧妙创意与美食追求。

凉爽秋风中，蟹香隐隐，丝丝动人。

吃螃蟹最是急不得，须得慢慢地品，细细地吃，才不会错过任何一寸的美味，在闲适悠然中，又恰好品味了一段珍贵的秋日时光。

山中鲜果随秋红

秋天的主题色之一，应当是红。

阵阵秋风将这一抹红色染在枫叶上，也晕在此时节的当季果实——山楂的皮肤上。一颗颗鲜红欲滴的小果子缀满了山坡，娇俏可爱的姿态，使得原本有些萧条的秋日，都生机勃勃起来。

虽则颜色喜人，但山楂果子味道酸涩，直接食用难以动人，用它加工后制作出来的小零食，却颇受欢迎。最为人熟知的自然是酸甜可口的冰糖葫芦，那可是承载了多少童年美好记忆的滋味。轻轻咬开玻璃似的糖衣，一股清新独特的果香便在口腔中蔓延开来。伴随香味而来的果酸还未及散开，已被冰糖包裹住了，化成一种恰到好处的酸甜，引得人止不住一颗颗吃下去。犹记得儿时第一次吃，那颗同时受到酸与甜双重刺激的蛀牙发出了强烈抗议，疼得我龇牙咧嘴，却还是禁不住吃完了一整串，回味无穷。

“果丹皮”亦是山楂零食中的经典，富有嚼劲的口感，酸中带甜的滋味，美妙可爱的卷筒形状，无一不是令人喜爱的理由。

鉴于此，将遥远山区捎来的山楂果子拣选、清洗、去核，熬煮糖浆裹成“冰糖葫芦”；加入白砂糖与水，煮熟后打成泥，烘烤成无添加版的“果丹皮”；又拓展出了浸在甜蜜糖水中的“蜜汁山楂”，裹着厚厚一层雪白糖衣的“雪球红果”，软糯酸甜、鲜红欲滴的“山楂糕”等。

几色小零食制成后一一品尝，心满意足。忍不住想用时光机将这些美味捎回去给儿时的自己尝尝，那该是多么令人惊喜的滋味。

菊花向晚秋更清

农历九月素有“菊月”的雅称，在花草渐次凋零的肃肃清秋中，菊花犹自凌霜而开，散发着清幽香气，以动人的姿态、不屈的傲骨、淡雅高洁的气质，盛放于晚秋。便是如此脱俗的花朵，使得五柳先生甘愿为之倾倒，亦绽放在古今君子的心头。

青瓷瓶中不过是养了几枝牡丹菊，置于案台上，整个书房顿时添了几分风骨。又将芸豆沙染成菊色，对着花朵的样式，捏了一枚“菊花果子”，照影相见，互为倾心。

万物有灵，瓶中花想来定能知晓，它将以点心的方式绽放一秋，不惧凋零。

烹清水一壶，投入几朵金丝皇菊，菊花茶沁人的香气随着蒸腾的轻烟萦绕在空气中，涤去了秋日的尘埃。

一盏清茶伴着此节气的传统食物——撒上红绿果脯丝、各色果干、桂花，并在顶上插有红旗，寓意“步步高升”的“寒露花糕”；甜香酥脆的“白芝麻薄脆”；用“芝麻花生糊”凝出的“秋香八卦图”等菜肴。烟火与清欢相濡以沫，使得秋日里的寻常时光也添了几分诗意。

晚来一场骤雨不约而至，檐下落雨滴滴如琴声。不觉间，又想起古老故事中的那场螃蟹宴，已是牵动了无数个秋天。

少顷，雨停，秋风拂面，善解人意地将流绪微梦吹散，又送来

草木湿润的气息，安然了秋将深时的焦躁。不禁期待着，明日晨起时，必定有朦胧薄烟凝于山间，那便是渐浓秋意凝成的轻寒。哪怕不消片刻即会消散，可它终究点缀了秋日的清晨。

人生如寄，多忧何为？烹一壶菊香四溢的清茗，赏一簇应节而开的花朵，在流转的四季中留下处处细碎的动人。惜取秋光，快意岁月，无问西东。

树树皆秋色，山山唯落晖，愿此金秋无烦忧，岁月长安人长久。

霜降

年年秋色最深处，
星霜荏苒与君同

《赋得九月尽》
唐·元稹

霜降三旬后，蓂馀一叶秋。
玄阴迎落日，凉魄尽残钩。
半夜灰移琯，明朝帝御裘。
潘安过今夕，休咏赋中愁。

霜降水返壑，风落木归山。

总叹岭南秋意迟迟，蓦然回首，竟已到了秋季的最后一个节气，霜降。

《月令七十二候集解》有云：九月中，气肃而凝，露结为霜矣。

秋晚无云，大地揭被，骤降的气温使地面的水汽凝聚，晴天的清晨，可见六角霜花结于溪桥间，落在草木上。

霜降是秋季到冬季的过渡，此后天气将逐渐变冷。

古人将霜降分为三候：

一候豺乃祭兽。

凛冬将至，豺狼开始捕捉猎物，以兽祭祀天地。

二候草木黄落。

一夜西风紧，树叶枯黄飘落，是为寒秋之信。

三候蛰虫咸俯。

蛰虫早已伏于洞穴中不动不食，以备冬眠。

秋入云山，物情潇洒。百般景物堪图画。

暮秋之美，在于飘逸随性的云彩，在于如火似锦的山林，更在于树树丰硕的果实。

火红的柿子是秋天最美的馈赠。许多地方有霜降吃柿子的习俗，此时节柿子皮薄肉厚，味美汁甜，是赏味佳品。更有民谚曰“霜降吃柿子，不会流鼻涕”。

而另一样秋天的美味信使，当属栗子。

粉糯细腻，甘甜芳香的果实是清冷的秋天里最温暖的抚慰。便在秋的末端，取柿子与栗子，制成小点数碟，与秋光承欢相聚，细数一季所得，共期梅香入梦。

柿子红时霜满天

总也忘不了去年深秋的香山。

秋霜将漫山遍野染出红黄色彩，一阵晚风拂过，满山的叶子便发出清脆的“沙沙”声，仿如阵阵银铃。而那随风摇曳的树的影子，就像是丝丝彩绸，曼妙起舞。

我们沿着小径拾级而上，路两旁多有山民背着满筐的柿子叫卖，红彤彤的色彩映得一张张朴素的脸庞光彩照人。有大如拳头的磨盘柿，小巧透红的小蜜柿，还有些叫不上名字，只知道橙黄的颜色比银杏叶还要可人。

抬头往山上望去，只见澄蓝如水的天空连一丝云都没有，唯有一片无边无际、清明透亮的淡蓝。山顶上几棵高大的柿子树，恰好将根根挂满果实的枝丫伸进天幕里，星星点点的橙红浮动在那抹素蓝之上，格外绚丽出彩，令人挪不开眼睛，收不回心神。顿时醒悟，原来这片蓝天就是为了这簇柿子准备的一张画布。

那天的晚风中，我们带回了满满一袋柿子，甜美了秋天的许多个黄昏。

四季如春的城市常被抱怨没有秋天，于是更惦念那一抹温暖柔和的金黄。今年霜降前，听闻从化有一片柿子林，此时果实已近成

熟。于是迫不及待地驱车前往，生怕错过这难得的南方秋色。

到达时接近正午，日光正好。在山民的指引下攀缘而上，直到站在山坡上的那一刻，忐忑的心才落了地。目之所及，满山的柿子树硕果累累，正午的日头洒满了林子，枚枚柿子如同盏盏亮起的小灯笼，发出莹亮的光彩。由橙黄到火红，数不清有多少。长圆筒形的果子因为狭长丰满，形似鸡心，故而得名“鸡心柿”。

我的家乡并不盛产柿子，但自小喜欢这果子，大约是它那喜庆的色彩、可爱的形态，每常使人联想到生活的火红与希望。常常憧憬着能到柿子林里去，畅快淋漓地摘一回果子。在从化的山头，这个愿望终于达成。

午后的风大了起来，我提着一篮子柿子心满意足地下了山。路过涓涓细流的小溪，清澈的山泉水透亮得像一面玻璃，在阳光下闪动着粼粼的波光。透过水面，可以清晰看见每一块石头的纹路。忍不住停下脚步，用溪水洗了柿子吃。清甜爽滑的果肉如甘露一般溜进了心房，漫开了一片浓浓的秋意。

山脚下的房舍前，铺满了山民们晾晒的柿子饼，又买了一些，伴着欢快满足的哼唱，一同踏上归家的路途。

返程时路过一片结满了穗的稻田，轻风拨动稻穗，歌声与舞蹈便次第在田野里传开了。忽而觉得，柿子仿佛是深秋给大地调的一抹朱砂，点缀在那些黄的绿的草木上，晕出一片酡红，使得秋季不那么肃穆与清冷，更多了一份浪漫与天真。

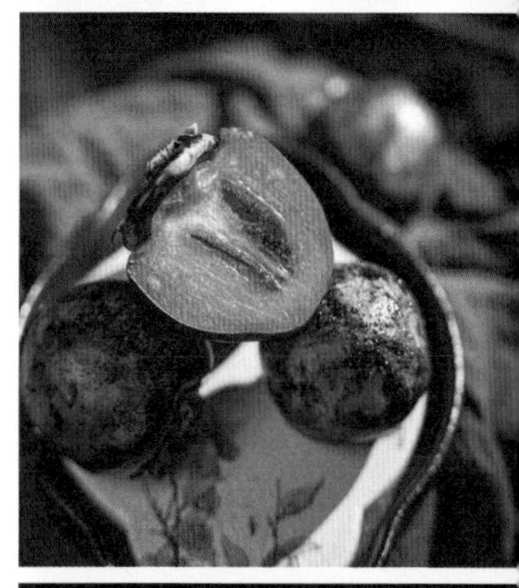

怀着这样的念想，先后从五湖四海购得和歌山纪之川黑金柿、陕西富平尖柿、山西蒲州墨柿、福建古田炮弹柿、云南保山次郎脆柿、山西永济珠蜜柿、陕西临潼火晶柿子、北京房山磨盘柿、山东临沂牛心柿子等。

清甜爽脆的脆柿；味甜香清的炮弹柿与牛心柿子；肉黄汁甜的黑皮墨柿；蜜香水滑的火晶柿子与蜜柿；品种珍稀、甜爽多汁的黑金柿以及果实硕大、软嫩甜美的磨盘柿等，每一枚柿子都各具风情，别有风味，皆是秋之馈赠。

鲜果之外，自然不能错过每年必备的

流心“富平吊柿饼”以及来自家乡的“潮汕柿饼”。

既得佳品，怎可辜负，便张罗着制成了几色小点。

鸡心柿打成泥，炒制成果酱，与奶油奶酪、咖啡酒、手指饼等搭配，制成“柿子提拉米苏”，经典的口味与当季的果实相融合，味道惊喜，色彩动人，取了一个“好柿连连”的吉祥名字正好应景。

蒸出一块柔韧软糯的面皮，调和成柿子的颜色，包裹入打发的淡奶油与火晶柿子果肉，制成“柿季幸福”的“柿子大福”。装点上柿子果蒂，几可乱真的形态，饱满丰富的口感，为晚秋增添了满满的幸福感。

柔韧甜蜜的柿子饼除了可做茶点，还能成为美味的馅心。取潮汕柿饼剪成丁，与黑白芝麻、砂糖等炒制成为馅料，用中式大开酥的方法做出千层酥皮，包裹入馅料后捏出柿子形状，文火油炸，一枚“象形柿子酥”便可得成。咬上一口，酥香动人，柿中含柿，必定“柿柿如意”。

又将珠蜜柿洗净冷冻，浸泡在温水中，去皮捣碎，便成了冰甜沁人的“柿子冰沙”。以此冰凉之味，以表秋之霜华，便取名“霜华柿秋”，为霜降的柿子料理做了一个美妙的句点。

几样霜降的应节小点制成，满屋子的柿果香气早已随风轻扬，不知能否托秋风将这果香中的一缕惦念捎带到香山去，好叫北地的柿子也听听南方秋天的动人故事。

霜降

年年秋色最深处，星霜荏苒与君同

秋林深处栗子香

伴着一声声轻响，深林里的树底下落满了一颗颗带刺的果实。

剥开那一层扎手的外皮，一颗油亮的小果子便滚落出来。果子虽小，但香糯甘甜的温润味道却是清秋里最动人的滋味。这便是有着“干果之王”美誉的栗子。

我国是栗子的故乡，栽培栗子的历史可追溯到西周时期。古人很早便认识到栗子是很好的营养食品，《礼记》更是把栗、枣、饴、蜜，同列为奉养长辈与老者的重要食谱。

栗子还有一个特别的名字，叫“河东饭”。宋代陶谷的《清异录》记载了这一称呼的由来：相传唐末晋王李克用任河东节度使时，率军追击汴军，一时未能补给军粮，民众便告知可以取当地野生栗子代粮。晋王即令士兵速取野栗，蒸熟饱腹，奋勇追敌，最终取得了战争的胜利。事后，晋王军中便称栗子为“河东饭”，晋王更为欣喜地赋予其“得胜果”的美称。

一年补通通，不如补霜降。栗子具有养胃健脾、补肾强筋、活血止血、止咳化痰的功效，是此时节的进补佳品。

辗转购得浙江丽水的高山刺球锥栗、庆元锥栗；云南楚雄千里而来的高山老树小板栗；声名远扬的河北唐山迁西板栗。依照各个品种的口味不同，分别制成了几样点心。

迁西板栗自然要做一次家常版“糖烤栗子”，开口后拌上调配好的糖汁高温烘烤，脆甜的外壳，香糯的果肉，还未出炉，便已香飘满屋。

栗子泥是秋季必备的常用酱料，用来制作饮品或甜点都是很好的选择。取大锥栗去皮煮熟后打磨成泥，分别加入色拉油、黄油、焦糖、锡兰红茶粉等，制成原味、焦糖与红茶三种口味栗子泥，存放于冰箱中，整个秋天都拥有了甜蜜动人的好滋味。

又将三色栗子泥融合到其他点心中。

原味栗子泥与淡奶油、吉利丁液混合成慕斯液，搭配红茶蛋糕片做出栗子形状的小蛋糕。裹上黑巧克力，沾上芝麻，一枚枚可爱仿真的“栗子慕斯”便制成了。巧克力脆壳里包裹着果香、奶香与茶香，丝滑的口感，层次丰富的口味，实为栗子点心的好选择。

焦糖栗子泥用来做“栗子挞”十分合适。烤好的挞底抹上栗子奶油，再挤上一圈圈栗子泥，焦糖带来了味道上的独特与浓郁，搭配香酥的挞心，一口难忘。

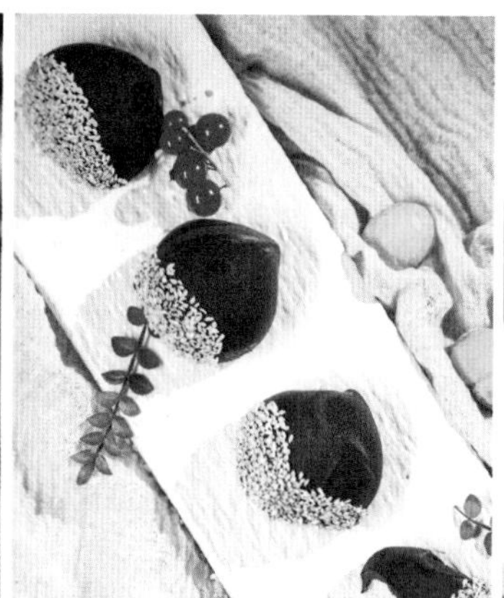

红茶栗子泥与淡奶油一起打发，烤好的红茶蛋糕与栗子奶油层层叠加在杯子里，用面条机将栗子泥挤压在蛋糕上，制成“栗子瀑布蛋糕”。满满的栗子泥带来的味觉满足，是秋天里独有的美味享受。

想来，这一桌秋季限定的点心定然能让身心得到养护与滋补，从容面对即将到来的冬季。

与君共品秋意浓

黄昏时落了一场雨，并不大，毛茸茸的，像是空气中多了一层雾面的滤镜。

想起张爱玲《秋雨》中所写的：雨，像银灰色黏濡的蛛丝，织成一片轻柔的网，网住了整个秋的世界。

一瞬间，整颗心便黏稠起来。

我爱读一切与秋有关的文字，透过不同的讲述与记载，能看到多年前那个秋日傍晚满地的梧桐；某个深秋清晨漫山的硕果；还能吹到北平凛然的秋风；听见南京孤寂的夜雨。而品尝过来自五湖四海的果实，是否也算是体味了某座陌生城市的遥远的秋呢？

少顷，雨停，晚风阵阵。院子里支起小炭炉，烤了些柿子、栗子，又烘了一壶茶。

用脆柿自制的柿子干已经晾晒完成，正好佐茶，而瓜棚前才挂上的尖柿，恐怕还要再过些时日才能品尝，便托付给一阵凉似一阵的风吧。

清霜醉枫叶，淡月隐芦花。

年年秋色最深处，总有一缕秋风会邂逅一片红叶，将缱绻的心事，写满岁月的信笺。而每一段时光落笔之处，都有萌芽的悸动，花开的欣然，果熟的喜悦，叶落的安闲。

若问这一场秋色之中，最美的片刻是何时，大约便是此刻，夕阳落在身后，晚风吹散秋声，而我们心中明了，明年此时，山河依旧会尽染秋色，人间又会有新的相逢。

星霜荏苒，相守不变，愿君明朗如月，自在随风，哪怕霜华满地，亦有暖阳在心。

檐流未滴梅花冻，
一种清孤不等闲

第四卷 北陆

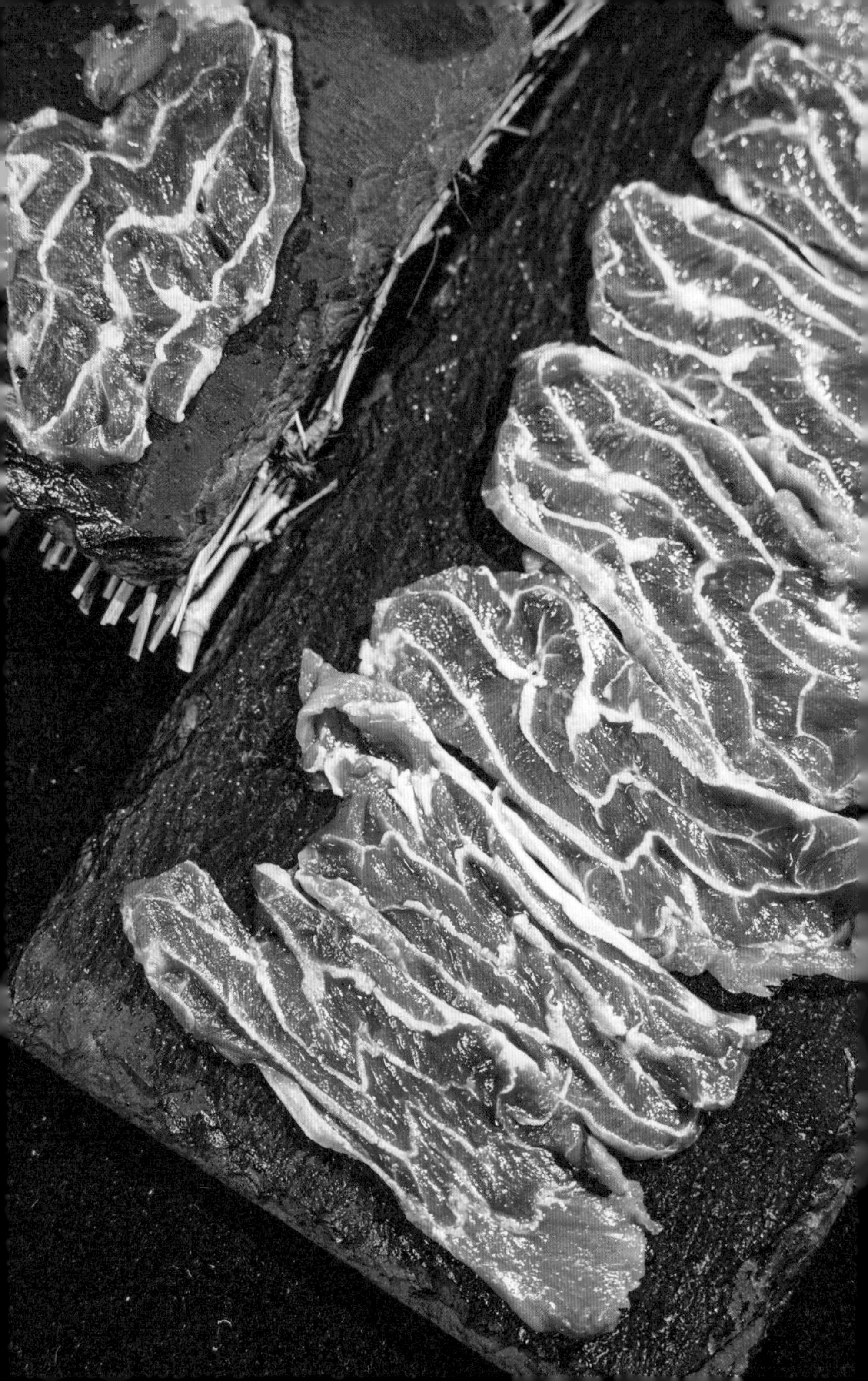

立冬

围炉共笑语，暖烟迎玄冬

《立冬》

明·王穉登

秋风吹尽旧庭柯，
黄叶丹枫客里过。
一点禅灯半轮月，
今宵寒较昨宵多。

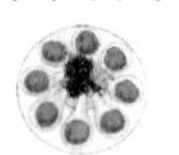

未觉寒风起，时节已立冬。

《月令七十二候集解》有云：冬，终也，万物收藏也。

立冬代表着冬季开始，此后天气渐冷，生灵伏冬。

古人将立冬分为三候：

一候水始冰。

此时节水面已能凝结成冰，可见天下之寒。

二候地始冻。

土里的寒气凝聚，逐渐冻结。

三候雉入大水为蜃。

“雉”泛指野鸡一类的大鸟，“蜃”为大蛤，立冬后，雉渐少而海边的蜃增多，二者线条与颜色相近，古人便认为立冬后雉入海化身为蜃。

立冬与立春、立夏、立秋合称“四立”，是古时的“四时八节”之一，不仅是冬季的第一个节气，更是一个非常重要的节日。劳动了一年的人们将在冬季享受丰收，休养生息，并在立冬这日准备宴席犒赏家人。

有谚语曰：立冬补冬，补嘴空。用一顿热气腾腾的火锅揭开冬日的序幕，不失为美事一桩。在我的家乡，牛肉火锅是不可错过的至品，不同部位的肉质经过精确到以秒计数的涮煮，激发出极致的鲜味。

今日，便与君共享一席潮汕牛肉火锅，于大味至淡中，迎接玄冬之至。

咕咚之声传千载

一汪清汤于锅中烧煮沸腾，翻涌出热浪滚滚。将各色食材投入汤里，阵阵“咕咚”声中，美味熟成，暖意融融。这种中国独创的美食，便是家喻户晓的火锅，古时以其沸煮时的声音命名，是为“古董羹”。

《魏书》记载，三国曹丕代汉称帝时，已有用铜所制的火锅出现；据考，新中国成立后出土的东汉文物“镬斗”，即为火锅。若要细数，火锅的历史已近两千年。少时读宋人林洪所撰的《山家清供》，翻阅到关于火锅最早的文字记载，发现它竟有着一个诗意浪漫的名字——“拨霞供”。书中写道：

向游武夷六曲，访止止师。遇雪天，得一兔，无庖人可制。师云：“山间只有薄批，酒、酱、椒料沃之，以风炉安座上，用水少半铫，候汤响，一杯后，各分以筯，令自夹入汤摆熟，啖之。乃随意，各以汁供。”因用其法，不独易行，且有团栾热暖之乐。

越五六年，来京师，乃复于杨泳斋伯岩席上见此。恍然去武夷，如隔一世。杨，勋家，嗜古学而清苦者，宜此山林之趣。因作诗云：“浪涌晴江雪，风翻晚照霞。”末云：“醉忆山中味，都忘贵客来。”猪、羊皆可。

大雪纷飞的山间，与寻访的隐士对坐林中，生起小火炉，架好清汤锅将兔肉切成薄片涮食，蒸腾的烟雾与纷扬的玉尘相逢一瞬，

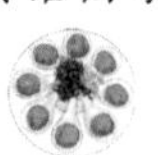

便融为轻云一片。而锅中那鲜美至极的滋味里，更有着冰天雪地中围炉促膝倾谈的团暖之乐。

当时读到此段，心中的向往之情，至今记忆犹新。后来，在不少历史剧中也常看到吃火锅的场景，尤其清宫戏里那一句“天冷了添个锅子”，瞬间令胃里生起一阵温热。

清朝时，火锅不仅在民间盛行，且成了一道著名的宫廷菜。

乾隆皇帝吃火锅成癖。他曾多次游江南，每到一地，都备有火锅。相传他于嘉庆元年正月在宫中大摆“千叟宴”，席间共计火锅一千五百余个，应邀品尝者达五千余人，成了历史上最大的一次火锅盛宴。

当然，并非人人都是“火锅粉”。

同样生活在清朝的大美食家袁枚，便对火锅嗤之以鼻，甚至在《随园食单》中专门写了一条“戒火锅”，痛斥火锅极其可恶。原文写道：

冬日宴客，惯用火锅，对客喧腾，已属可厌。且各菜之味，有一定火候，宜文宜武，宜撤宜添，瞬息难差。今一例以火逼之，其味尚可问哉？近人用烧酒代炭，以为得计，而不知物经多滚，总能变味。或问：“菜冷奈何？”曰：“以起锅滚热之菜，不使客登时食尽，而尚能留之以至于冷，则其味之恶劣可知矣。”

围炉喧哗，吃相不雅，根本不尊重食材。各种菜品统统一锅炖，毫无火候的讲究，多次沸煮全都变味儿了，简直邪门歪道。

想来，吃火锅的氛围并不符合袁老先生的餐饮美学，当时也没有可调节火候的现代汤炉，大大影响了食物的口感和味道。假如能有一架时光机，将袁老先生接到今日，在装修风格考究别致的火锅店中挑几家中意的，选用火力无极可调的汤锅，请他尝一尝大江南北口味繁多、创新与传统融合的现代火锅，不知能否一改他的观感，或也能从火锅中寻得些许雅趣？

围炉之乐难忘怀

打小我就爱吃火锅，但不是总能吃到。通常会是在重大节日，或是有贵客到访时，家中才会升起火锅的热气，我们称之为“打边炉”。

小时候，家里打边炉用的是一架银灰色的单孔煤气炉，有一根橘色的管子连着一罐最小号的煤气。大家围坐在四方桌前，母亲将装好清水的不锈钢双耳锅架在炉上，父亲开火时炉子发出的“哒哒”声，隔着二十多年的光景犹在耳畔。

桌上的明星产品是潮汕地区家喻户晓的“道记”羊肉卷、肥牛卷。粉嫩与雪白相间的薄薄肉片，不消几秒便能涮熟，搭配着每盒肉卷里附赠的芝麻花生酱，热腾腾的塞进嘴巴，简直是童年最极致梦幻的美味。要是能再配上一盒“海霸王”虾饺，那便是世间最大的满足了。

清贫的年月里，打一次边炉可以让一家人回味许多天。后来回想起当时最盼望的也是最具幸福感的，其实是家人们围坐桌前，团聚谈笑的温馨场面。一锅热汤中往来涮煮的热闹与情谊，卸下生活重担后的片刻放松与欢畅，都随着那阵暖烘烘的热气，模糊掉了日

子里的坎坷和艰辛。

记不得什么原因，后来好多年里，家中再没有吃过火锅。日渐长大的少年，也在特立独行的青春里，不似儿时般眷恋那合家团圆的亲密。虽然在年岁渐长的今日回想起来，实在是幼稚得可笑，但我想，大约许多人都有过这样叛逆不羁的岁月，以为孤独是通向成人的必经之路，以为自由的前提是远离家庭的关爱与呵护。

那时候我上中学，钢琴老师住在离家很远的地方，周末我要坐很久的公共汽车到老师家上课，通常是母亲陪我一起去。也不知是哪里来的兴致，那天父亲竟然开摩托车来接我下课。那是一个深秋的傍晚，微风已经有些寒凉，父亲一见我便兴致勃勃地说道："走，我带你去吃牛肉火锅。"

车子开到一个很大的店面，父亲领着我进了门，轻车熟路地点了几样我听都没听过的菜名。没一会儿，菜品一一送上来，我才发现竟是一盘盘长相各不相同的牛肉。锅中的牛骨汤翻滚着，父亲拿起大漏勺，将牛肉夹到漏勺里放入锅中烫煮，用不了几秒钟便将烫好的牛肉倒到我碗中，又招呼我盛一些沙茶酱在蘸料碟里蘸着吃。

我按着他的说法照办，将信将疑地把几片颜色粉嫩的牛肉放进嘴里咀嚼，鲜美脆嫩的滋味瞬间在舌尖蔓延开来，肉香混合着沙茶酱独特的香气，迸发出从未尝过的美味。父亲看着我惊喜的表情，心满意足地笑开了。

那天的整顿饭都是父亲忙活着涮肉，并不时向我介绍牛肉的奇特名称与部位。

父亲是典型的老派中国式家长，又有大男子主义情结，自小的

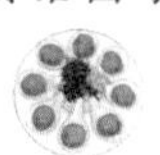

打压式教育使得父女之间总像隔着一面无形的墙，母亲则是这面墙上唯一的门，有她在，我们才能偶尔走进彼此的世界。而那天火锅的热气却短暂地在墙上化开一扇窄窗。我们不像父女，倒像是一对久别重逢、话题不多的朋友，透过美食的分享与零星的对话，在窗口笨拙又谨慎地传达着彼此的关怀。

鲜香之味迎玄冬

今年暮秋时，偶然想起这件往事，便决定在立冬之日于家中张罗一席潮汕牛肉火锅。

牛筒骨搭配几片潮汕南姜，慢火炖煮出一锅色清味浓的汤底，加入白萝卜与玉米增香，为鲜味打好基础。

潮汕人品尝牛肉的考究体现在对时间的控制上，地道的火锅店会在牛被宰杀后三个半小时到四个小时左右便将新鲜牛肉送上餐桌，对于不同部位的肉质所涮煮的时间更是精确到秒。

而那些五花八门的牛肉名称，更是让第一次走进潮汕牛肉火锅店的食客们大感惊奇。最好的肉位于脖子、背脊，其次在肩胛、腹心，再次之是臀部。

其中脖子位置中最好的一小块肉称为“脖仁”，是运动最为频繁的一块肉，只占一头牛的1%。脖仁肥瘦相间，拥有大理石般的纹路，涮六秒后品尝，口感肥嫩轻弹，微有嚼头，柔嫩多脂，鲜甜脆爽。

牛脊背的长条肉名为“吊龙”，口感软嫩细腻，鲜甜饱满，涮八

立冬

围炉共笑语，暖烟迎玄冬

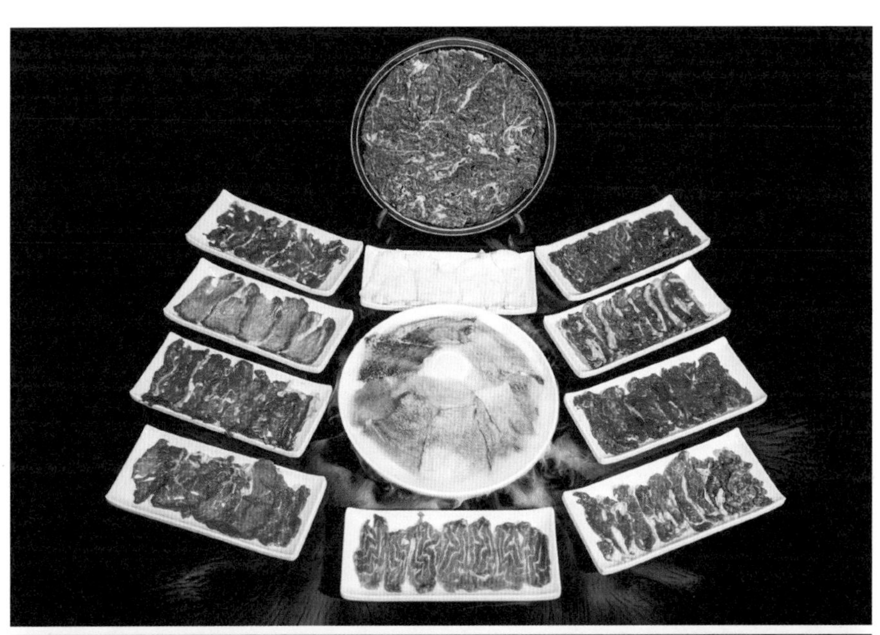

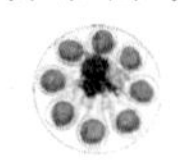

秒即可享用。

吊龙下面那一小部分肉是“吊龙伴”，微厚，虽有脂肪但不肥腻，十分顺滑甜美，涮烫八秒后捞出口感最佳。

“匙柄”取自肩胛里脊肉，一头牛只有两条，将其切片后中间会有一条明显的肉筋纹路，形同钥匙柄，入口又软又弹，十分脆爽，需涮八秒可食。

“匙仁”取自牛肩胛托着的一块嫩肉的中心部位，这部分肉质比“匙柄”更为甜嫩，是肉眼的最好部位，同样仅需涮八秒钟。

“肥胼”取自腹部夹层双层肉，肥油比例较瘦肉高些，口感软滑易嚼，脂香浓郁，需涮煮十秒。

“嫩肉”取自臀腿瘦肉，肉质软嫩滑溜略有嚼劲，仅需涮六秒即可享用。

“三花趾”取自前小腿肌腱肉，此部分口感弹而不硬，香脆可口，涮六秒可食。

“五花趾”是牛的后腿，对应着“三花趾”，二者区别是看肉上的纹路是三条筋还是五条筋。这部分的肉因为牛筋的存在而十分弹牙、富有韧劲，涮八至十秒钟口感最佳。

“胸口朥”也称“胸口油”，是大而肥的牛专有的牛胸口软组织，是带筋落的牛油，非常珍贵，其嚼劲十足，牛油浓香，清脆爽口，越煮越脆，需涮两分钟。

此外，仅需涮六秒的“牛舌”脆嫩鲜美，轻柔有嚼劲；涮十五秒可食的“牛百叶”嫩爽可口，弹牙脆韧。皆是至味。

潮汕人吃牛肉火锅非常讲究顺序。先在碗中加一点芹菜粒，舀几勺热汤冲入，品一品纯汤的鲜味，而后才开始涮肉。须得从瘦吃到肥，并且要等所有鲜牛肉涮完才能放其他的食材，以保持汤底的清爽鲜甜。

品过鲜肉，自然少不了牛肉丸和牛筋丸。

兴之所至，决定自己动手做一次手打丸子。选取上好的牛腿肉，用两根实心不锈钢棒反复敲打，不时挑出筋膜，中途要添加冰块避免牛肉温度过高影响口感。直到打成肉泥，便可添加炸蒜、盐、大地鱼粉等增香，并搅拌至黏稠。此时，将一部分肉泥挤成丸子作为“生牛肉丸”涮食，其余肉泥中添加入牛油与嫩筋，挤成丸子后入锅煮熟，便是“牛筋丸”。

如今市面上的牛肉丸、牛筋丸都是用机器替代人工制作，而手打的丸子，因为倾注了耐心与体力，更可品尝到鲜香爽脆的传统滋味。

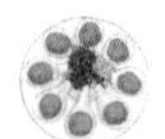

此外，许多潮汕地区的特色小吃可作为火锅涮品。

因惦记着久未品尝的“鱼册”和“鱼皮饺”，也动手制作了一些。草鱼起肉，拔去鱼刺，搅打成肉糜。一部分摔打出胶质后置于案板上，用刀背一抹一刮做出皱褶肉皮，包入猪肉馅，点缀上芹菜与红椒丝，裹卷制成。由于形似旧时书册，故而有了“鱼册”之名。

一部分肉糜加入面粉，揉成面团后擀制成薄可透光的鱼皮，裹入猪肉馅，包成馄饨造型，是为“鱼皮饺”。鱼肉的鲜甜与猪肉的鲜香相融合，“鱼册”汁多味美，“鱼皮饺”皮脆韧馅鲜美，皆为令人垂涎三尺的家乡美味。

又剥了虾仁，剁成虾滑，装入“红桃粿”形状的盘子里；加上从潮汕买得的炸响铃、茼蒿等儿时家中常吃的配菜鲜蔬，以及不可或缺的“粿条”，让家乡的氛围更浓了几分。

备好九宫格蘸料，炸蒜、生蒜、小米辣、小香芹、香菜、蒜蓉辣酱、腐乳酱、花生酱与灵魂沙茶酱，搭配生抽、陈醋、花椒油、麻油、鱼露与蚝油，可自由搭配成各色口味。

又取普宁新鲜甜油柑，与茉莉花茶一道榨成“茉香玉油柑汁”，新式乡味鲜甜回甘。初夏酿下的“梅子露”此时恰好可以开坛，便取酸甜甘露几勺，搭配冰块与气泡水，制成一杯“梅子黄时雨”特饮，以夏日之滋佐立冬之味。

火锅涮煮到尾声时，煮一碗“粿条”，加入各色丸子青菜，撒上炸蒜与芹菜粒，浇上肉香满满的热汤。这一碗粿条汤可谓集火锅之精华，只需适量调味，嗦上一口，回味无穷。

一顿热气滚滚的火锅享用完，需要一碗清凉糖水。用“红桃粿”“红龟粿”“圆粿”印做出粿形冰粉，搭配脆啵啵、芋圆、西米、蜜红豆等九色小料，淋上浓郁香甜的厚椰乳，一碗色彩缤纷的“粿然清新”糖水为整席火锅画上美妙的句点。

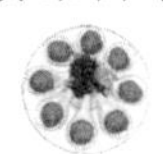

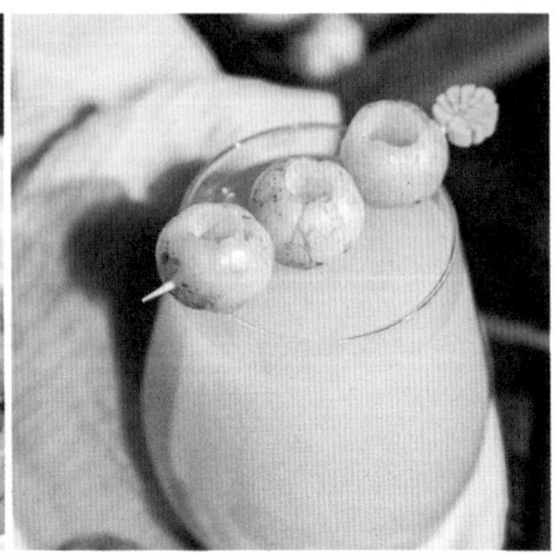

暮色四合时，家人围坐桌前，就着火锅的余温闲话家常。天边云霞朵朵，林中凉风阵阵，不由得又想起“拨霞供”，想起儿时的“打边炉”，想起与火锅有关的一切故事。

接下来气温渐低的冬季里，火锅的热气将会越来越多地蒸腾在五湖四海的空气中。

天南地北寒热虽有不同，但对于丰收与团圆的期盼无异。而无论四季如何更迭，只要灶台上燃起烟火，便能让人感到生活的温暖与希望。

初夏酿下的梅子露，酸甜了渐冷的冬日，锅中沸腾的热汤羹，抚慰着岁晚的清愁。

愿将来的这个冬季里，有人问你汤可温，有人与你立黄昏。

祝冬安。

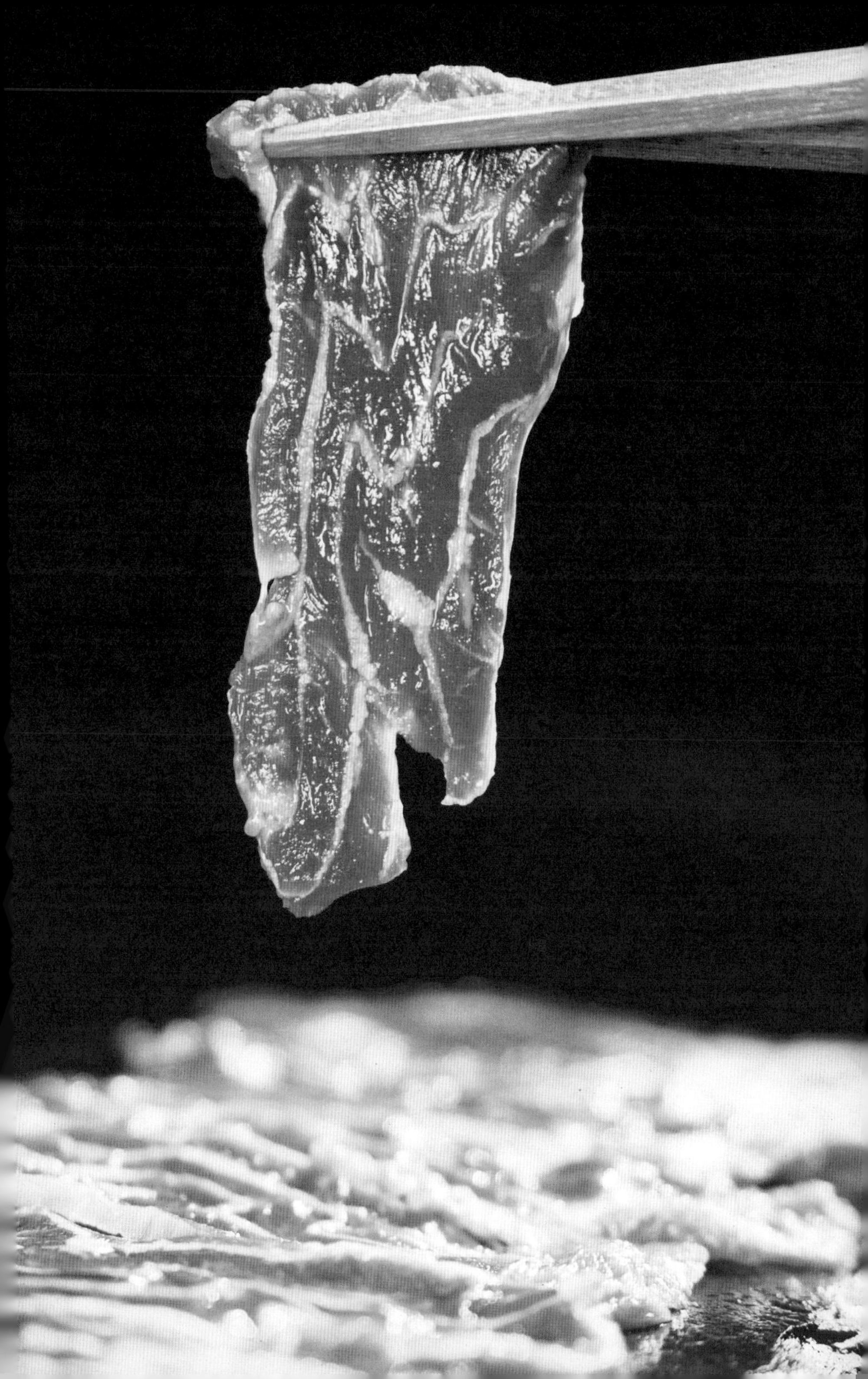

小雪

愿得一片雪，填我万千梦

《咏廿四气诗·小雪十月中》

唐·元稹

莫怪虹无影，如今小雪时。
阴阳依上下，寒暑喜分离。
满月光天汉，长风响树枝。
横琴对渌醑，犹自敛愁眉。

随着一年中第二十个节气小雪的到来，天南海北泛起漠漠轻寒。

《月令七十二候集解》有云：十月中，雨下而为寒气所薄，故凝而为雪。小者未盛之辞。

《群芳谱》中写道：小雪气寒而将雪矣，地寒未甚而雪未大也。

节气名称中的“雪”字实为比喻，反映了此时寒流活跃、气温渐降的特点。

古人将小雪分为三候：

一候虹藏不见。

小雪节气冬雨减少，夏季常见的虹彩已不可见。

二候天气上升地气下降。

天地间阳气上升而阴气下降，阴阳不交，一片肃穆清冷。

三候闭塞而成冬。

万物生机索然，闭塞而转入寒冬。

虽不似春夏两季生机勃勃，也没有金秋的硕果累累，但寒风瑟瑟的冬日自有其独到、可爱之处。

岁晚知时，天地恬静，正宜围炉煮茶，促膝闲话；又因凛冬将至，万物冬藏，需热热闹闹地制作冬日美食，以备团圆共享。动静相融，正是初冬最美之处。

今日便按照习俗腌菜、晒鱼、打糍粑，用一锅滋补暖胃的猪肚鸡代替传统刨汤。恰好此时节生蚝肥美，又制作了几道应季小菜，温炉共品，以慰冬寒。

一缕风味引乡愁

北风一起，空气中开始飘来阵阵腌制的味道。

民间有“冬腊风腌，蓄以御冬”的习俗，又有民谚曰：“小雪腌菜，大雪腌肉。”

小雪时节气温急降，天气干燥，是制作腌品的好时候，故而此节气的重要风俗之一，便是腌菜。

来自五湖四海、千家万户的手法与配方各不相同，腌制出来的食物却都带着同样使人惦记的风味。它们在一片片寒暖各异的天空下各自精彩，又通过寒风的传送穿越乡村与城市，在小雪节气的空气中相逢。这是各地风情的融合，更是无数家味儿的叠加。只不过是淡淡的一缕气味，便能将离家在外的孩子心中深藏的对于家乡和亲人的想念，尽数引出。

于我而言，当南姜与粗盐撒在大菜上，揉搓间激发出的那阵浓烈香味飘入鼻尖时，仿佛瞬间又变成幼童，回到儿时的老屋，坐在石门坎上，撑着双颊看着母亲用粗石做成的石臼，将硬实的南姜一一捣碎。微寒的空气被南姜独特而热烈的辛辣香气熏得暖烘烘的，而那气味也像一条细细的根须，钻进我的鼻子里。我忍不住打了个喷嚏，母亲抬起头来慈爱地看着我，轻轻地笑开了。

我和母亲都是潮汕咸菜的重度爱好者。小时候，我鞭策自己快速完成作业的方法，便是在桌前放一小碟咸菜，早点写完便能早点享用。母亲更甚，少女时与闺蜜出行，所带的粮食就是一整颗咸菜心。甚至怀着哥哥的时候，吃不下其他东西，却愿意每天从老坛子里掏咸菜吃。

大约是在母亲肚子里“吃伤了”，从断奶起，哥哥便表现出对咸菜与生俱来的排斥。母亲说喂他一口白粥他便乖乖吃下，但凡粥里掺进去一点儿咸菜，他就会努着小嘴儿精准地把咸菜吐出来，只把白粥吃下。上桌吃饭，他总要躲到离咸菜最远的角落，这也成了他的软肋，每回被他欺负，我的报仇方式就是在他的米饭里藏一块咸菜。

荏苒的光阴并没有冲淡哥哥对于咸菜的忌惮，却浓稠了我对乡味的眷恋。离家的年岁里，每次回乡最不能忘记的就是带上一罐新咸菜，有一回包装不严实，在客车上撒了半罐，心疼了一路。后来网购方便了，家乡的美食随时可买到，家中的冰箱里再也没有断过咸菜，罐装的，软包的，甚至散装的。

爽脆咸香依旧，却总觉得少了一些最为重要的味道。

小雪节气前后，因着要做腌菜，便准备了新鲜雪里蕻、东北大白菜、各色蔬菜，盘算着腌一坛雪里蕻，做几棵朝鲜族辣白菜，再泡一坛子四川泡菜。也是在此时，我终于决定尝试制作潮汕咸菜。

腌制潮汕咸菜用的是包芥菜，灵魂佐料是南姜与粗盐。尽数购得后，便根据记忆中母亲交代过的用量，洗菜、锤南姜粉、加粗盐，混合之后放入坛子里封存。

从前总不愿动手制作，是害怕做砸了，坏了记忆中美妙的味道，这看似简单的几个步骤，却仿佛用了几十年的光阴才学会。当那一罐香味诱人的腌咸菜捧在手中时，阵阵熟悉的家味儿萦绕鼻间。我竟有些恍惚，母亲在我这个年纪时，早已生下哥哥和我，辛苦操持家务多年。不知道那时候她腌制的味道里，可会带着艰难岁月里的酸涩？

也许答案都藏在了时光里。

三两习俗迎冬风

小雪节气的习俗还有许多，如打糍粑、晒鱼干、吃刨汤等。几乎都与制作及品尝美食相关，充满了对于岁末团聚的期盼。

晒鱼干也是潮汕地区保存渔获的重要方式之一，自小家中常有鱼干，倒是没有亲手做过。趁着节气，遵循风俗，取用珠海特产白蕉海鲈鱼，处理后放入用盐和花椒煮成的椒盐水中，浸泡两小时，便可取出晾晒。接下来的工作就要交给北风与日光了，它们的协作会让本就鲜美的鱼肉焕发出新的风味与质感。

打糍粑不算陌生，难点在于将浸泡充分的糯米蒸煮成软硬适中的糯米饭，并将其捶打成软糯细腻的糍粑。家常做法无需动用大型糍粑工具，用一个石臼便可完成。一捶一打之间，米粒化为无形，成就一片难分难舍的黏稠，拉扯间是剪不断的思念与牵挂。打好的糍粑用模具装好，冷藏定型，切成小条后入锅煎至金黄色，起锅撒上熟黄豆粉，并熬煮一碗红糖浆淋上。咬上一口，软糯酥香，甜入心田。

还有一个特殊的风俗，吃刨汤。

吃刨汤是我国西南地区历史悠久的一种民间习俗。小雪前后，农村地区便要择吉日开始一年一度“杀年猪，迎新年”的活动。杀猪需宴请亲朋好友，要把新鲜猪肉和内脏等煮成热腾腾的一大锅供乡亲们吃喝宴饮。席后，热情的主人一般还要给到场的客人送上一刀肉，作为礼物带回家。这一沿袭多年的传统习俗，为寒冬增添了热闹浓烈、其乐融融的氛围。

小雪

愿得一片雪，填我万千梦

小雪时分，气温逐渐下降，恰好适合温补的餐品。结合传统习俗与节令饮食，便决定制作一锅暖身暖心的“猪肚鸡”，既呼应刨汤风俗，又有养生功效。这也是母亲在时，每年冬天家中必备的汤品。

将猪肚里里外外洗净，切开口子、塞入处理好的整鸡一只，再将开口封好。最重要的调味品是胡椒，母亲一直最推崇海南出产的白胡椒，辛辣的味道更加浓烈，是这道汤品的亮点。而且一定要将白胡椒敲开后装进过滤袋再入锅炖煮，既能更好出味，又不会产生太多渣屑。从前她习惯拿一个小碗，用碗沿将白胡椒压碎，随着瓷碗在灶台上摩擦出的阵阵轻响，胡椒的香味便会飘满整间厨房，至今难忘。

按着母亲的方法准备好白胡椒，又加了当归、党参、黄芪、红枣、枸杞，以及潮汕的白果，几样食材一同入锅，热热闹闹的炖出了一锅香飘四邻的浓汤，喝下一口，身心皆暖。

又是牡蛎肥美时

尝过了传统的好滋味，又怎能错过此时节的当季美食？

小雪时，牡蛎已然肥美，其高蛋白、低脂肪、富含甘氨酸等特质，格外适合冬日滋补。在中医看来，牡蛎能平肝潜阳、收敛固涩，既是美味，也可入药。

生活中，我们习惯称牡蛎为“生蚝”。这次选购了“台山蚝”和“乳山蚝”，硕大的个头从照面起便带来了惊喜。洗刷干净后，用生蚝刀撬开蚝壳，洁白肥嫩的蚝肉使人禁不住垂涎三尺。切断贝柱，挤上少许柠檬汁生吃，便可直接品尝这混合着海水咸味的动人鲜美。

带壳生蚝洗净上锅清蒸，蒸熟后开壳，淋上用红葱头、大蒜、小米辣、香菜、柠檬及各色调味料调和出的捞汁。食盐与淀粉混合后入模具烘烤定型，制成一个个精巧的小盐炉。炉中点燃烛火，将捞汁生蚝置于炉上加温，以烘出更深层的鲜美。盐香隐隐，酸辣鲜爽，这一道“盐炉鲜捞蚝”于新奇中见真味。

“炭烤生蚝”是广东人追求鲜味的眷恋，也是无数夜归人抚慰心灵的美味。

为了给烤生蚝添彩，特意制作了几色酱料。花生油炸蒜蓉，炸至金黄时离火，加入生蒜蓉与小米辣，拌入生抽、蚝油、糖等调料品，制作成“金银蒜蓉酱”。两种蒜香与油香碰撞出来的诱人味道，未及品尝，已心神俱醉。

恰好收到云南的黑松露，取两枚洗净切片，与大蒜一同打碎，再用橄榄油小火翻炒，制成“黑松露酱”。松露的独特香气搭配上大蒜的辛香与橄榄油的清新，想来定会让烤生蚝大放异彩。

还有一色酱料比较特别，潮汕地区的朋友一定不会陌生，那便是“虾仁菜脯酱”。咸香的菜脯与鲜美的虾仁，在猪油的撮合下完美融合，是来自家乡的动人美味。

院子里生起小炭炉，将生蚝放上烤架，烤至半熟时加入酱料。生蚝的汁水流淌到木炭上，引起一阵“滋拉滋拉”的轻响，并激发出各色不同的香气，将夜色也撩拨得食指大动。

另一种用烤箱烘烤出来的生蚝，则与炭烤生蚝的风味截然不同。

热锅融化黄油，将洋葱碎与培根碎爆香，加入淡奶油熬煮成浓郁的白酱，撒入玫瑰盐与黑胡椒调味。生蚝开盖洗净，淋上白酱，撒上马苏里拉芝士，入烤箱高温烘烤。随着时间的递进，奶香与海鲜的鲜香一阵浓似一阵，出炉时撒上新鲜欧芹，趁热享用。芝士拉丝，白酱香浓，生蚝肥美，这一道“芝士培根焗生蚝”真使人齿颊留香。

品尝完带壳的生蚝，再来制作一些纯蚝肉美食。

将面粉、花椒粉混合加水调成糊状，生蚝肉洗净擦干后沾上面糊，滚上一层面包糠，入油锅炸至金黄。用鱼子酱与飞鱼籽为其提味，咸香与鲜美，酥脆与软嫩，都在这一枚“酥炸嫩蚝”中体现得淋漓尽致。

海鲜与丰腴肉质向来绝配。取五花肉入砂锅煸出油脂，爆香红葱头与大蒜，再分层加入金针菇、泡好的粉丝，码上生蚝肉，淋上一碗用蒜蓉辣酱、生抽、老抽与蚝油等调和出来的酱汁。盖上锅盖，沿锅边倒入白酒增香，只需焖煮五分钟，一锅蒸腾着热气，散发着浓香的“生蚝粉丝煲”便可粉墨登场。老饕们都知道，精华全在于粉丝中。

压轴的美食，自然是来自家乡的传统小吃“潮汕蚝烙”。

制作蚝烙要用潮汕的蚝仔，加生粉充分洗净后，拌入农家地瓜粉与粘米粉，加少许胡椒粉与生葱，调成糊状后下锅烙至定型；再加入两枚鸭蛋，烙至蛋液凝固，蚝烙金黄，便可出锅。鲜嫩的蚝肉被包裹在地瓜粉与鸭蛋中，夹上一筷子，沾上必不可少的潮汕鱼露，一箸入口，极致的鲜美滋味，是令潮汕孩子魂牵梦萦的，最熟悉的风味。

一桌家常品尝过后，总觉与岁末的距离仿佛又近了一些。

忽而想起早两日翻书，无意中念到陆游先生的一句平生诗句领流光，绝爱初冬万瓦霜，倏忽间，便觉心神悠然。

初心如雪，照见天地，奈何于南方孩子而言，下雪是一件不可奢望的事情，于是，常愿此身能在梦中化作霜雪一片，飘到山川湖海间，看一看各处的冬日都有哪些别样的景致。

而回到家中这一方小院里，当初冬的那一缕温暖的火光在寒夜中亮起时，对于家乡的思念，对于过往的追忆，便蒸腾为轻烟一缕，飘进了北风中。

今日已将家乡风味封存于时光中，期待岁末开启，融化满腹乡愁。

更期待若得见初雪飘落，能与君共赏人间好景。

大雪

念念寄冬藏

《咏廿四气诗·大雪十一月节》

唐·元稹

积阴成大雪，看处乱霏霏。

玉管鸣寒夜，披书晓绛帷。

黄钟随气改，鹖鸟不鸣时。

何限苍生类，依依惜暮晖。

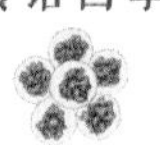

一夜寒风雨，岭南气温骤降，可算是有了入冬该有的样子。

《月令七十二候集解》有云：大雪，十一月节，至此而雪盛矣。

明知无法如愿，心里却似乎总暗暗地在南方冬季里等一场雪。倒不是多么盼着天冷，只是有些贪恋雪落时那不可言说的静谧与安然。

古代将大雪分为三候：

一候鹖鴠不鸣。

“鹖鴠”相传为夜鸣求旦之鸟，又名“寒号鸟”，此时节由于天气寒冷，连寒号鸟都不再鸣叫了。

二候虎始交。

此时正处阴气最盛之期，盛极而衰，阳气已有所萌动，老虎开始求偶。或许山中之王也意识到，有个伴侣相携过冬会使冰天雪地不那么难熬。

三候荔挺出。

名为“荔挺”的兰草，因感深冬阳气萌发，破土抽芽。

万物收敛起各自的锋芒，静待着隆冬过后的悄然绽放。春生夏长、秋收冬藏是四季生长的规律，也是人们与自然的约定。大雪节气的到来，意味着天气渐冷，正是蓄藏的最佳时机。储藏风味，也收藏时节的美好。

鲜蔬暖冬寒

冬吃萝卜夏吃姜，在餐食与养生中都备受青睐的白萝卜是大雪节气“冬藏”盛宴的主角。

印象中关于白萝卜的“藏”，是老厝[1]角落里一个个饱经岁月风霜的老坛子，是坛子里不记得今夕何年的腌菜脯。那是潮汕家庭不可或缺的重要食材，也是可见来处的美食元素。

趁着暖阳和煦，我也赶紧把白萝卜晒起来，试着制作一番。

瓦缸粗糙的内壁，透过掌心传达着亲切的触感。将萝卜洗净对

① 老厝：老房子、祖屋。

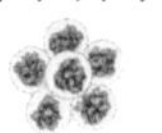

半切开，用粗盐揉搓后放入瓦缸里，压上大石头，把水分逼出来。白天在院子里铺上稻草，把压出水的萝卜摊开晾晒，午后要给萝卜翻个身，让它正反两面都能接受阳光的沐浴。

儿时，家乡的小学设在老祠堂里，祠堂前有一块粗石铺成的空地，立着小小的升旗台。除了周一早晨全校列队升国旗的时间以外，学校附近的老奶奶都会在这片空地上晒萝卜干。我们这帮馋嘴的小学生在课间会偷偷顺几块吃。还未晒好的萝卜干吃起来咸涩又辛辣，但我们还是会皱着眉头一点点吃掉，仿佛胜过小卖部里的任何一种零食。

晾晒过程中的萝卜不可沾到露水，否则会发黑，因此每日傍晚要把晒了一天的萝卜收入垫有稻草的竹筐里继续压水，隔天再拿出来晾晒。假如遇到阴雨天气，萝卜就只能在竹筐里辟谷了。重复操作直到水分基本晾干，便可入坛腌制。接下来的工作，就有劳丽日和风相助啦！真希望能早些尝到亲手制成的菜脯的味道。

新鲜白萝卜的做法繁多，制成开胃凉菜还可生吃。

在我的美食记忆里，凉菜是母亲做的“酸甜黄瓜”。去了皮的黄瓜斜切成薄片，撒上砂糖和白醋，只消腌制半个小时，一盘爽脆开胃的美味便得成了。小时候品不出酿造的醋酸里蕴含的甘醇，总是央着母亲再多加几勺糖，到最后吃到的基本是糖水黄瓜了。

已经许多年没有这样用糖醋拌过凉菜了，今日便用此方法料理萝卜吧。

萝卜切成薄片后撒两勺盐拌匀腌制一会儿，杀出辛辣苦水并挤干。灵机一动，将其中一部分分装出来用大红浙醋浸泡，其余的仍泡的是普通米醋，再加上几颗小米辣，倒入爱喝的雪碧，做成了一个升级版。

浙醋染就的粉红与米醋泡出的纯白，是小时候最爱的连衣裙的

色彩。将泡好的萝卜片层层相叠，卷起后插在切好的底座里，稍加整理，便成了一朵可人的玫瑰花。脆爽酸甜的口感，娇嫩妍丽的样式，秀色可餐，滋味动人。

丰腴浓郁的牛腩与爽脆清新的白萝卜向来是绝佳的搭配，二者相濡以沫，融合成芳香四溢的“萝卜牛腩”，冬日食用可补身，更可暖心。

中式大开酥费时且难度大，但用它做出的各式传统酥点都是惊艳之作。于是又取一根萝卜刨成细丝，焯水后挤干多余水分，调好味道制成馅儿，裹入中式千层酥皮里，捏制成萝卜的样式。温油慢炸，耐心观察火候，起锅吸掉多余油脂，放入用饼干碎制成的“土壤”，点缀上几根破土而出的嫩芽，再用糖霜为它覆一层“雪”，一道香脆可口、造型逼真的萝卜酥便制成了。

“大雪”覆盖下的嫩芽犹自翠绿，萝卜亦是鲜香，使人由衷相信，隆冬过后，春天必定会如约而至，大地又将是生机盎然。

风味念远乡

新鲜萝卜的鲜美滋润着冬季的干燥，而更醇厚的香味，时光早已替我们储藏好了。

打开老坛子的盖子，屋子里瞬间弥漫着熟悉而温暖的味道，深吸一口，仿佛迎面撞上穿越时空远道而来的一个拥抱。

家乡寄来的菜脯，从颜色上便可以推测它们各自的年龄。从半年陈的浅棕、两年陈的深褐，到二十年的乌黑、四十年的如墨，岁月根据修为的资历，逐层加深着它们的色泽，调和味道与口感。

年轻的菜脯爽脆咸香，爆炒后即可成为绝佳的配料，“咸水粿”便是它的代表作之一。

粘米粉、玉米淀粉与清水按一定比例调和成粉浆，倒入小圆碗中蒸熟，脱模后点缀上一勺炒香的菜脯粒。油香咸鲜的菜脯与软糯弹滑的粿皮相搭配，一口梦回故乡，卖粿老伯的叫卖声仿佛近在耳旁。

对于传统潮汕家庭，一块珍藏二十年以上的乌黑发亮的老菜脯，可是比黄金还要珍贵的呢。老菜脯咸中带甘酸的滋味，浓郁而沉稳的香气，使得它可以与各种肉质、海鲜搭配，解腻的同时激发出层次丰富的美味。

恰好天冷了些，便在院子里架起小炭炉，煮一锅潮汕经典的暖

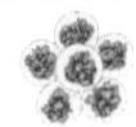

胃佳品“老菜脯砂锅粥”。

米粒在锅中开花时，依次加入老菜脯粒、肉末、鲜虾、鲜鱿，煮熟后撒上白胡椒粉与芹菜粒，无需任何佐料，便可熬出一锅鲜美香浓的粥品。轻轻抿上一口，“温暖”一词瞬间变得具象。

来自百米深海的东星斑，偶遇隐居人间四十载的老菜脯，竟像一对忘年之交，简单去腥后上锅蒸熟，轻盈的鲜美与厚重的浓烈合作无间，碰撞出冬日餐桌上的一抹奇景。

而南方缺席的那场大雪，就用萝卜制成的雪花来填补吧。

时光酿陈香

一席菜肴制成时，屋子里各个年龄层的萝卜混合而成的热烘烘

的香气，熏暖了寒凉的傍晚。

迎面而来的北风，仿佛是十岁那年在祠堂门口遇见过的那阵风，风里充斥着同样的味道，这味道的名字叫“童年”。

从前我不是特别理解，为什么不趁着菜蔬新鲜时把它们吃掉，而要大费周章地腌制，经年累月地储藏？一如有些诗句要经历人世沧桑才能读懂，有些味道需走过辗转岁月才能品透，我想腌制品的力量便在于此，通过自身在时光中寂然独处、漫长等待过后沉淀出的风味，向食客们展示着时间的神奇力量，也为每一个曾遇见过它的人，储藏一段属于儿时的、家乡的甚至是陌生新奇的味觉记忆。

某年某月某日，当你再次邂逅这风味时，舌尖便能准确地对上暗号，提取那段或模糊或难忘的回忆。

于我而言，它返还给我的，是关于故乡深深的想念，是关于童年最缱绻的眷恋。尤其在渐冷的冬日，乡愁就像一场场大雪，落在每一个想家的夜里。

假如这个冬天使你感到寒冷，就吃一口来自家乡的美食吧。熟悉的味道或许不能让你找到世间难题的答案，却一定能给你一些抚慰和依靠。

或者像我一样，把家乡风味藏进冬日时光里，无论何时开启，都能驱逐心中寒气。

但愿雪中远行人，都能安暖过此冬。

异乡佳节又今朝

《冬至酬刘使君》

唐·殷尧藩

异乡冬至又今朝，
回首家山入梦遥。
渐喜一阳从地复，
却怜群沴逐冰消。
梅含露蕊知迎腊，
柳拂宫袍忆候朝。
多少故人承宴赏，
五云堆里听箫韶。

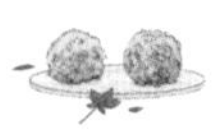

岁末的几场急雨过后，虽无落雪，北风却一日寒似一日。与之一道日渐浓烈的，还有大江南北空气中飘浮的年味儿。

转眼已到一年中的第二十二个节气，冬至。

《月令七十二候集解》中写道：冬至，十一月中。终藏之气至此而极也。

天地间阴气的收藏至此已达极致，接下来将是一阳初生了。

古代将冬至分为三候：

一候蚯蚓结。

古人认为蚯蚓阴曲阳伸，冬至时正值六阴寒极，土中的蚯蚓蜷缩着身体，交相缠结如绳，屈居土里过冬。

二候麋角解。

麋与鹿同科，身形相似，却阴阳不同。古人认为麋的角朝后生，所以为阴，冬至时节，麋感到阳气初发而脱角。

三候水泉动。

此时节深藏于地底的水系受阳气引发而流动，且有温热之感。

物候反映出阴阳二气的自然转化，古人认为这是上天赐予的福气，历来非常重视冬至。因此，除了是传统节气，冬至在古时还是一个非常重要的节日。

据载，周朝时，二十四节气是从冬至开始计算的，冬至也曾是古时的“岁首”。古人以岁首过新年，会举行丰富多彩的庆贺活动。汉代以冬至为“冬节”，官府要举行贺冬仪式，并要例行放假，相互

“拜冬”；魏晋时，冬至称为“亚岁”，百姓要向父母长辈拜节；唐宋时期，冬至是祭天祀祖的日子，君王在这天要到郊外举行祭天大典，百姓须祭拜祖先，《东京梦华录》《梦粱录》等均有相关记载；明清两代，皇帝均有祭天大典，谓之“冬至郊天”，百官有向皇帝呈递贺表的仪式，且要相互祝贺，形如新年；时至今日，我国的澳门特别行政区还把冬至设为法定节假日。

忆旧俗，添新岁

小时候，我并不知晓冬至是一个节气。在家乡，冬至被称为“冬节”，是一个重要的节日，有“冬节大如年”之说。在外漂泊的游子到了这天都要回乡祭拜祖先、共享团圆。

“冬节夜，啰啰长，甜丸未煮天唔光。”[①]短短两句潮汕民谣，可以看出潮汕孩子对于那一碗“冬节丸”的热切期盼。

冬至清晨，家家户户都会摆出一只大笳，将糯米粉加清水和成团，一家老小围坐在一起搓冬节丸。每双手搓出来的丸子大小各异，正是潮汕人喜爱的“父子公孙丸”，寓意老少平安，圆圆满满。不过是一碗寻常的糯米丸子，在冬至这日吃起来，不知为何总是格外的有滋有味。传统做法通常是做一个原色，再用红樱米和出粉红色，制成双色冬节丸。

离家的孩子无以归乡过冬至，唯有用各色果蔬粉和出彩色糯米

① 潮汕童谣，大意为：冬至的夜长又长，汤圆未煮天不亮。

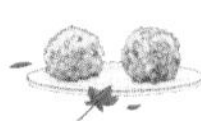

团，揉成缤纷的丸子，以此回味记忆中七彩的童年。

丸子们争先恐后地跃入沸腾的锅中，在热汤的包裹下变得更加圆润饱满。姜薯的加入让汤汁更多了几分家乡独有的甘甜。碗中热气夹带着思念扑面而来，在佳节的清晨，熏得眼睛发酸。

在宗族文化兴盛的潮汕，冬至一大早，人们都要备上猪肉、整鸡和鱼等三牲，带有吉祥寓意的各色果品，还有必不可少的冬节丸，到祠堂里或是在家中摆设的神台上举行祭祖仪式。祭拜结束，大人小孩都要“食甜丸”，这样才算添了一岁。

年味盛，家味浓

曾听外地的朋友评价潮汕人“将每个节日都过成了美食节”。

此言非虚，每至年节，确实有不胜枚举的潮汕粿品与小吃，以

满足各位饕餮之客的口腹之欲。除了冬节丸之外，还有许多不可错过的潮汕冬至美食。

“冬至茧”是必备的冬至粿品，有三种吃法，分别是蒸、下汤和香煎。最常见的就是蒸。

粿条煮软后和入木薯粉，揉出的粿皮柔韧软糯，仿如乡愁缱绻。包裹的馅料里除了有猪肉、虾肉、干鱿鱼、冬菇、包菜等食材之外，必定要有芹菜和青蒜，“有钱算也有钱园[①]”寄托了潮汕人富足无忧的美好祝愿。包好的冬至茧上再用可食用花叶作为点缀，权当是锦上添花了。

“胶罗钱”是家中最受欢迎的冬至美食。母亲的做法是将糯米粉加水揉成团，用手心压出铜钱造型，片片银钱落入水中，代表了财源滚滚的好意头。煮熟后的糯米团用石臼捶打到黏稠拉丝，再揪成

① 园：潮汕话，藏的意思。

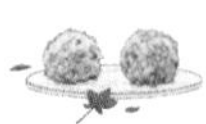

小块，裹上炒熟的花生芝麻碎与白砂糖。香甜与软糯融合得恰到好处，令人欲罢不能。

儿时，每到冬至母亲都会讲起同一个故事：有个潮汕女人，冬至前一夜做好了胶罗钱，因着嘴馋，半夜总是忍不住起床偷吃，冬至一早准备祭祖时，发现胶罗钱已经被她吃完了。

听了不知多少遍的故事里，是不变的香甜、熟悉的家味儿。

这片承载千年文化的土地上，各地独有的风土人情衍生出冬至的不同过法。南方的汤圆甜软了想家的清晨，北地的饺子温暖了团聚的餐桌。口味经典的白菜猪肉馅儿包裹进彩色的饺子皮里，点缀上一枚韵味婉约的盘扣，无论南北与甜咸，哪怕相隔万千里，对于团圆共同的期盼都融化在这一枚“旗袍饺子”里。

再取几颗汤圆，裹满彩色星星面包糠，炸制成酥皮圆子，姑且称它“星星汤圆”，为冬至漫长的夜晚添上几点星光。

夜长至，念深至

团圆的日子里，“围炉”是潮汕家庭最温暖的聚餐方式。

记得儿时家中的灶台底下藏着一个用锡打成的老式炭炉火锅，锅中间有高高的烟囱，已经烧得发黑。只有特别重要的日子，父母亲才会商量着将那架火锅“请”上桌，张罗一顿盛宴。后来换成用煤气炉打边炉，锡锅便长居于灶台下，究竟是何时丢去的也无从追忆。

趁着冬至，用一架老式的铜炉火锅代替记忆中极为珍贵的仪式感。牛骨炖出的浓汤加入沙茶酱烹煮成潮汕沙茶火锅汤底，开锅之后满屋子都散发着暖烘烘的香气。来自家乡的虾枣、海鲜丸子、牛肉使得节日的餐桌多了丰盛的喜悦。

我曾在少年时听过同班的男同学在分享会上说过这样一句话：

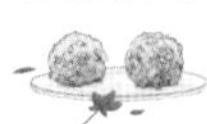

人越来越大了，梦想却越来越小了，小时候总想着长大我要当宇航员、科学家，真正长大之后却只希望父母安康，一家团聚。隔了十几年的光景，我依然清晰记得那天他说这句话时脸上的淡然，以及女老师骤然红起来的眼眶。

那时太懵懂听不出话中真意的我，此刻也有着一模一样的心情。

我有所念人，隔在远远乡。在品尝故乡美食的这一刻，我们似乎在熟悉的味道里相聚了。顿觉世间最大的温柔，不过是家人闲坐，灯火可亲。

一年中更漏最长的这一日，陪伴在你身旁的是谁？家人、伴侣、好友或是只有你自己？无论是谁，请与他道一句：冬至，安康。

《腊日》

唐·杜甫

腊日常年暖尚遥，
今年腊日冻全消。
侵陵雪色还萱草，
漏泄春光有柳条。
纵酒欲谋良夜醉，
还家初散紫宸朝。
口脂面药随恩泽，
翠管银罂下九霄。

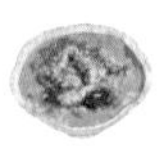

农历腊月初八是传统腊八节，又称为“法宝节”“佛成道节”等，原本是佛教纪念释迦牟尼佛成道的节日。

释迦牟尼曾苦修多年而未成道，终于悟得苦行不能使人解脱，形销骨立之时一位牧女为他送来乳糜，他食后恢复体力，端坐菩提树下沉思，于十二月八日“成道”。为纪念此事，佛教徒于此日举行法会，效法牧女献乳糜的典故，用香谷和果实等煮成五味粥供佛。这一习俗距今已有千年以上的历史。南宋吴自牧的《梦粱录》中写道：此月八日，寺院谓之“腊八”。大刹等寺，俱设五味粥，名曰“腊八粥”。也有的寺院会于腊月初八之前由僧人持钵沿街化缘，将收集而来的五谷果仁等煮成腊八粥散发给穷人。

传说喝了腊八粥，便能得到佛祖的保佑，因此，腊八粥也叫“福寿粥”“福德粥”，在民间广受喜爱，腊八节也逐渐成为家喻户晓的民间节日。

且将光阴熬作粥

腊八粥的配方众多，各地不同。

南宋文人周密所撰的《武林旧事》中写道："用胡桃、松子、乳覃、柿、栗之类做粥，谓之腊八粥。"《燕京岁时记》里则载：腊八粥者，用黄米、白米、江米、小米、菱角米、栗子、去皮枣泥等，和水煮熟，外用染红桃仁、杏仁、瓜子、花生、榛穰、松子及白糖、红糖、琐琐葡萄以作点染。

随着时代变迁，根据物产与饮食习惯的差异，大江南北衍生出各具特色的丰富配料，但基本上都包括糯米、大米、小米、高粱米、紫米、薏米等谷类，红豆、绿豆、黄豆、芸豆、豇豆等豆类，花生、莲子、红枣、核桃仁、杏仁、桂圆、枸杞子、栗子、葡萄干、白果等干果。

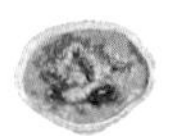

今日便以家中惯常食用的糯米、粳米、蜜枣、芸豆、红豆、花生、莲子、桂圆、核桃仁、红枣为原料，加入清水，置于炭炉上慢火熬煮。

锅中传来的沸腾声，总能使人安然静心，或许这一刻，可以将一年中的烦琐与不易，悄然加入五谷果仁中，熬成一锅黏稠温暖的香甜。粥熬好时，再加入少许白砂糖，一小把干桂花，滋味更加绵长。

腊八风味暖柔肠

食物的融合与蜕变，是一个奇妙的过程。

将制作腊八粥的食材用清水泡软后蒸熟，煮一锅红糖水，将蒸熟的材料倒入煮开，再与调和好的马蹄粉经过一见如故、再见倾心的两次相约，便可在热气的撮合下融而为一，合成一盘清甜弹爽的

新式“腊八糕”。

广东人腊月里的温馨，离不开一锅煲仔饭。

北风送来腊味诱人而熟悉的香气，那是入冬以来暖阳与冷风一路呵护的成果，在腊八日开启这份美味，格外应景。切上几片腊肉与腊肠，铺在半熟的米上，加几叶青菜，打一颗鸡蛋，隐隐的“嗞嗞”声令寻常的片刻变得充满期待。

在天寒地冻的岁末之时，也许这一口热饭的温香，便是我们努力生活最大的后盾。

腊八节自然要泡上一坛子腊八蒜。

这一最初流行于华北地区的小吃，如今在天南海北收获了大批老饕的喜爱，而泡腊八蒜更是腊八节的标志性传统。食材不过是紫皮大蒜与米醋，做法也极其简单，将蒜瓣儿剥皮之后放入干净的密封罐子里，米醋煮热晾凉后倒入罐子里没过大蒜，密封后存放。不消几日，泡在醋中的白玉就能变成翡翠。碧绿晶莹的颜色，仿佛冬日大地上萌发的新芽，格外的喜人。

你瞧，食物就是这么的暖心，它们在时间的角落里藏下了许多惊喜，等待热爱它们的人发现与开启。

小孩小孩你别馋，过了腊八就是年。

腊者，接也。腊八仿佛一位信使，它的到来，便是通知人们年的脚步更近了。

新年旧岁交替之际，一粥一饭甜咸之间，不急不慢地烹出岁月的温暖与甘香，在细细品尝之际，道一句腊八安康，万事“粥”全。

岁暮知春近

《咏廿四气诗·小寒十二月节》

唐·元稹

小寒连大吕，欢鹊垒新巢。
拾食寻河曲，衔紫绕树梢。
霜鹰近北首，雊雉隐丛茅。
莫怪严凝切，春冬正月交。

小寒，一年中的第二十三个节气。

它与大寒、小暑、大暑、处暑一样，都是表示冷暖变化的节气。《月令七十二候集解》有载：十二月节，月初寒尚小，故云。月半则大矣。

古代将小寒分为三候：

一候雁北乡。

古人认为候鸟中大雁顺阴阳而迁移，此时阳气已动，大雁开始北迁。

二候鹊始巢。

因有感阳气萌动，北方随处可见喜鹊于此节气开始筑巢。

三候雉始鸲。

“鸲”为鸣叫之意，雉在接近四九时因感阳气生发而鸣叫。

二十四节气中只有白露和小寒是完全以鸟类作为物候标识的。古人认为“禽鸟得气之先”，在感知阴阳之气流转方面，鸟类有着难以比拟的天赋，这或许是造物主赋予它们的使命，以飞翔之姿，传递四季更替的消息。

而小寒物候除了传达节气的特点之外，还捎来了年节的气息。小寒一到，春节的序幕便被缓缓拉开了。人们开始忙着写春联、剪窗花，置办年画、彩灯、鞭炮、香火等年货，好不热闹。

与年节一同到来的，还有严寒的天气。虽名为小寒，但时处三九的节气几乎是一年以来最冷的时段。霜白万里之时，张罗一席温补暖身的家宴，霭霭轻烟中年岁的脚步渐行渐近，团聚的时刻也便指日可待。

年味也随寒意浓

“九九消寒图”上每绽开一片花瓣，旧年的日历便又翻过一页。

古时的黄河流域，农家每逢冬季时兴用“九九消寒图”来避寒养生，并用以计算暖春到来的日子。

冬至日，于纸上画一枝素梅，枝上画花瓣八十一片，代表“数九天”的八十一天，每过一天便用朱墨点染一瓣。红梅开满纸上之时，便是春暖花开之日。

古人的智慧与浪漫，如片片花瓣，绽开在岁月里，艳色如新。

恰好小寒是“二十四番花信风”的伊始。这一称谓，始见于南北朝时期《荆楚岁时记》中所载：始梅花，终楝花，凡二十四番花信风。某种花、某个方向的风，在某个时节应期而至。始于小寒，终于谷雨，风如约，花有信，涵盖了从隆冬到盛春的八个节气。

小寒花信三候分别是一候梅花，二候山茶花，三候水仙花。尤以梅花为盛，在腊月迎寒怒放，为天地间留下一抹傲骨，几缕暗香。无以见寒梅盛放之姿，便以一笔朱色，于纸上绘出一番敬意吧。

每至岁暮，家中总要备上一些手写的春联与福字帖。

一方砚台上细细磨出的墨汁在屋中隐隐散发着岁月的陈香。墨色在斗方上缓缓晕开，原本只有黑红两色，却写尽了一年中的五彩斑斓，一笔一画都充满了对新春的美好向往。

剪刀这家伙平日里格外高冷，遇上红纸之后，百炼钢成了绕指柔。沿着一道道蜿蜒曲折的秘密路线细心裁开，寻常的纸面上竟能变幻出代表着吉祥寓意的丰富花样。剪窗花这一传承千年的古老手艺历久弥新，每一个图案里都浓缩着祈愿与期盼。

过些时日，就能用这些墨宝与窗花装饰家中，迎接新春的到来了。

雪共暖烟一色白

三九补一冬，来年无病痛。年关将近，天寒地冻，保暖与滋补是必修的功课。可抵御风寒、温补滋养的羊肉是小寒餐桌上的佳选。

古人将许多美好的事物与“羊”紧密相连。汉字中的“羊大则美”“鱼羊为鲜”等，不胜枚举。中国人吃羊肉的历史更是可以追溯到四千年前。于我而言，羊肉并不是平日至爱的美食，却总能使我想起迄今为止见过的最盛大的一场落雪。

那年为了“同心树人”助学基金的设立，我第一次前往贵州。此前倒是去过几回云南，印象中西南地区应当也是冬无严寒，于是当车子行驶在前往威宁的雪封的山路上，当天地间那一片无垠的雪白映入眼帘时，我竟有点恍惚“身在何处”。

徐徐的车速让我得以慢慢欣赏这片雪景。目之所及，万物所覆皆是素白，远处偶尔露出一点深颜色的屋顶，倒像是银装素裹中的一片花开。暮云千里，飞琼万叠，积雪映着日光，将天地间照出一片光亮。

在这雪色之中，我的心前所未有的宁静，甚至听不到车辆行驶的声音，一切静谧得如同无意间闯入的一个梦境，周围晕染着温柔的光圈，颠簸的路程就像是梦中偶然吹过的一阵轻风，更像一场期待了很久的重逢，路过的每一处山谷与沟壑，都能引起我长久的遐思，眼中尽是顾盼，满是留恋。

因着行程紧凑，我们只在威宁落脚一夜，下榻的旅舍旁即是当地有名的“草海”。

大雪中全湖早已冰封，夜色中泛着莹白色的亮光，站在房间的阳台上，寒风似锋利的小刀划过皮肤，但我久久地站着，不愿离开。

为着隔天的捐赠仪式，先生与我彻夜畅聊，聊到曾宪梓等先贤幼时贫寒、成就事业后回馈社会的故事，心里想着经由我们的一丝绵力温暖孩子们的冬天，助他们扬起学习的风帆，更希望他们能够

将爱心作为火种传递下去，帮助更多的人。

窗外风声呼啸，玉尘纷扬，雪下了整整一夜。

激动的心情与漫天的飞雪竟使我们无眠，而伴随我们度过这漫漫长夜的，是一碗贵州当地的清汤羊肉。白煮的精肉颜色透亮，清澈的汤底看似无味，浅尝一口，当即被浓郁的羊骨香气深深打动。薄荷的加入犹如画龙点睛，将淡淡的膻味化于无形，只留下青草与鲜肉的馨香，经由味觉请我们提前欣赏了一番窗外那片冰雪消融的草海，春风过处，绿影离离。

从此以后，羊肉成为一段深刻记忆的唤醒方式，未曾亲眼见过的那片草色，时常在梦中随风摇曳。

暖香几缕消冬寒

趁着岁末，重温往事，便在家中张罗了一席带着潮汕风味的羊肉家宴，于美味中提醒自己，不忘身来处，才可至远方。

烤羊腿的肥美令尝过的人难以忘怀。来自家乡的南姜粉是去腥佳品，与洋葱、孜然、辣椒面等并肩携手，去除膻味的同时，增加独特的辛香。

红柳的枝干削成的竹签串起腌制好的羊肉粒。这种来自干旱荒漠地带的树木，在炙烤时会将它沉淀多年的故事化成一缕清香，融化在羊肉中，演变成一段传颂至千里之外、令无数人为之倾倒的佳话。而我在这段传奇里增添了家乡的沙茶粉，让它拥有了独家的风情。

或许，尝遍五湖四海的好滋味后，依然使我们怀念和难忘的味道，便可称之为家。

带皮羊肉翻炒后入砂锅，要用普宁豆酱与南乳汁增香调味，焖软后加几片炸腐竹，红焖的香味便可与北风一起，飘进潮汕孩子的牵念中。

清炖羊排的醇香里，怎么能少得了白果、马蹄、竹蔗与南姜的甘甜与香辛？

炊具们各司其职，在火力恰到好处的协助下烹出羊肉不同层次的风味。

羊腿丰腴的油脂滴落在竹炭上，激起动听的声响与诱人的浓香；红柳木羊肉串与炭火交织融合出的焦香直击胃心，望眼欲穿；红焖的醇厚、清炖的鲜美，层层交叠的阵阵香气将风中的花瓣都熏得脸颊绯红。

丰腴的肉质需要一点清爽的甜美来调剂。岭南的糖水闻名遐迩，而属于冬日的体己温存，来自一碗姜撞奶。生姜去皮榨汁，用新鲜羊奶代替牛乳，煮热后与姜汁撞个满怀，片刻的等待过后，神奇的事情发生了。两种各不相干的液体水乳交融，竟凝结成一碗难分彼此的固体甜品。犹如吹弹可破的肌肤，轻轻舀开，品上一口，香醇爽滑、甜中微辣，如早春的暖风拂面，融化万里冰川，留下一次不着痕迹的心动。

将羊乳与白砂糖、玉米淀粉相融后倒入锅中慢火加热，直到可搅拌成团便可以起锅。晾凉后搓成可爱的小圆球，撒上一些椰蓉。

羊头形状的可可饼干，贴上两只明亮的大眼睛，画上小刘海，装点在椰蓉羊乳球上，再把它们逐一放到草地上，如此，你便拥有了一群草原上的可爱小绵羊了。

羊肉虽来自遥远的西北，因为融入了家乡的风味，叠加了往事的温情，使得天寒地冻的异乡，也充满了故土的暖意融融。

烹一杯白梅茶，为今日的餐桌增加一缕花香。

听闻远山的蜡梅已经次第开放，风吹有信，花期如约，大自然在冬季里蓄藏生机，一树寒梅怒放，代表着春意正在萌动。

我想，此时威宁的雪花应该也已经在新春来临之前盛放了。

或许正因有了隆冬里的热爱与奔赴，严寒的时光才变得无比温良。

愿你的岁末诸事顺遂，祝一切期待如愿以偿。

我们一起，静待春来，共盼花开。

《咏廿四气诗·大寒十二月中》

唐·元稹

腊酒自盈樽，金炉兽炭温。
大寒宜近火，无事莫开门。
冬与春交替，星周月讵存？
明朝换新律，梅柳待阳春。

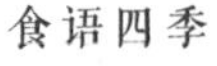

大寒，二十四节气中最后一个节气。

与小寒一样，大寒是表征寒冷程度的节气。《授时通考·天时》中引《三礼义宗》所述：大寒为中者，上形于小寒，故谓之大……寒气之逆极，故谓大寒。

此时节寒潮频繁南下，我国大部分地区进入一年中最为寒冷的时期，冰封万里，天寒地冻。

古人将大寒分为三候：

一候鸡乳。

大寒过后日渐温暖，母鸡开始孵育小鸡。

二候征鸟厉疾。

鹰隼之类的征鸟此时节正处于捕食能力极强的状态，常盘旋于空中四处觅食，以御严寒。

三候水泽腹坚。

极低的温度使水域结冰，一直冻到水中央，是最为结实、厚硬的时候。

然而物极必反，至寒之冰中已有隐隐春水生。

冬将尽，春伊始，一年终章，至此轮回。

千家万户的炊烟升腾在凛冽的寒风中，汇聚成愈发香浓的年味儿。去旧布新之际，民间有许多重要的风俗，腌制年肴、除尘、祭灶、食尾牙等。

食尾牙是个颇有意思的传统习俗。尾牙源自买卖人拜土地公做

“牙”的传统习俗。古时，“牙”是“互”字的俗字，“牙市”亦即“互市”，“牙人”即为“互人”，意为互通有无的人。“牙商”就是指古代市场上为买卖双方说合、介绍交易并抽取佣金的中间商人。

农历二月二，买卖人备好三牲四果、香枝元宝等祭拜土地公，祈求买卖顺利，财源广进，是为“头牙”；农历每月初二、十六准备供品在门口祭祀，俗称“做牙”或“祭牙”；到了腊月十六则是“尾牙”。

食尾牙这天，买卖人要大摆筵席，宴请同行友商与伙计：一为祀神祈福，求生意兴旺发达；二为联络感情，凝聚人心。

佳节将至，自然也少不了备上家乡的年节美食以丰富团圆的餐桌，于极寒中迎接大地的初暖，为四季的更替落一个圆满的句点。

处处春意送旧腊

案几上的蝴蝶兰散发着此时节独有的幽香，若有似无，淡雅悠长，细闻之下，仿如冰雪消融后那一点清冽的芬芳，夹带着些微与春交好的气息。

一对大橘贯穿于潮汕人一年之中所有重要的神圣时刻，代表着无可替代的吉祥寓意，而“大吉大利”更是人人喜闻的新春祝福。

家门口的年橘已经红透，便为它装点上一些“利是封”[①]，祈春好，岁无忧。再将几枝硕果养于瓶中，柿柿如意、长寿安康、福运绵长、黄金万两，以丰硕果实，祝世间圆满。

临近新年，必要为家人亲手绣制一枚带有吉祥纹样的香囊。这

① “利是”又称“利事”或“利市”，取其大吉大利、好运之意。一般老人家称之为“红纸”，是装压岁钱的封袋。

越千年而余绪未泯的汉族传统手艺，在今日看来，依旧动人，依旧美好。一针一线仿如寸寸流光，绣出寻常日子里每一次相伴的静好。再将写满祝福的红纸与香草一道填入其中，用丝丝牵挂密密缝合，盼来年的一切皆如所愿。

一番装点，家中已充满节庆的氛围，只等新春光临了。

阵阵年味催新岁

我们常说的“年味儿”究竟是怎样的味道，每个人都有不同的答案。而潮汕的年是浸润在卤味中的。

无鹅不成宴，卤鹅在过年的餐桌上有着不可或缺的重要一席。而更难得的珍品，自然要数狮头鹅了。这只来自澄海的大家伙，是世界上最巨型的鹅种之一，有“鹅王”美誉。头冠是它身上最特别

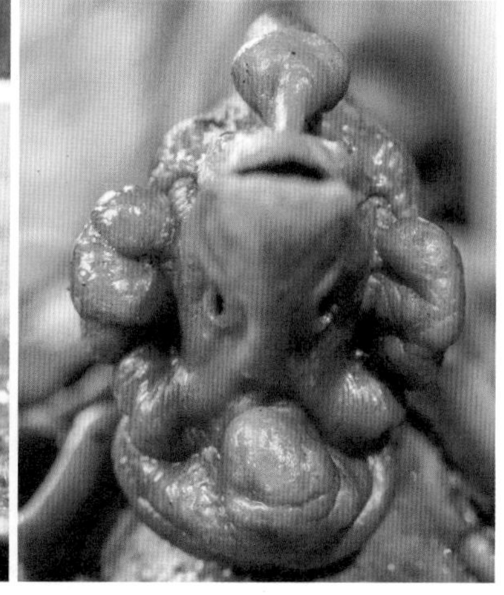

也最珍贵的部位，随着年龄增大，头冠与岁俱增，从正面看形似雄狮而得名。不少老饕为了这一枚胶质丰富、卤香浓郁的鹅头垂涎三尺，不舍万里，不惜千金。

一碗老卤水，凝结着时光沉淀的风味，白豆蔻、草果、八角、桂皮、香叶等卤料是鲜明特色的来源，葱油、南姜是美味的秘诀，它们与酱油、老抽、冰糖等一众调料相聚锅中，在柴火的慢煮下，合力将狮头鹅卤制出一口入魂的动人香气。有了它，年夜饭的餐桌便有了底气。

起源于南宋末年的盆菜，十分契合潮汕人热衷团圆围炉的佳节习俗。

老母鸡打底，鹅掌与香菇率先加入，鲍鱼、黑虎虾、花胶、海参、带子、鱿鱼等相继到场。同为一族的海鲜们在各自的海洋里遨游，辗转一年之后终于得以团聚，在高汤与鲍汁的调和下互诉衷肠，

共谱一曲动情的新春序曲。

若是少了粿，潮汕的任何佳节都会乏善可陈。甜粿是专属于春节的念想。儿时大伯家有一个烧柴火的老灶台，每到腊月二十五六，大姆便要请上阿嬷、老婶和母亲聚在一起蒸甜粿。我这只小尾巴每回都迫不及待地守在灶火前，等待着那一大笥软糯甜香的甜粿出锅。

岁月如蒸汽般氤氲了旧人的面庞，但她们聚在灶台前的温馨谈笑，那一口红糖甜粿的黏糯甜蜜，却从未在记忆中褪色。

今年除了传统的红糖甜粿外，还蒸制了“连年有余”“财福双至”“前兔似锦”等样式，聊慰那天长日久的惦念。再蒸制一笼笑开了花的酵粿（发糕），点上吉祥的印章，新的一年必定笑口常开，大“发”利市，步步“糕”升。

自然也少不了红桃粿这位代表了长寿安康、红红火火的佳节人

使。红樱米润色出柔软艳丽的粿皮，干鲜货搭配成口感丰富的米馅，老粿印塑造出可爱独特的造型，无一不是潮汕孩子刻在骨子里的爱与牵念。

还有几味颇具特色的年节小吃不可错过。

自家腌制的咸鸭蛋此时大派用场，取蛋黄裹上炸粉糊，入锅炸出脆壳，倒进熬至浓稠的糖浆里，翻炒出瑞雪一般的糖霜。在万物皆可反砂、热衷甜咸混搭的潮汕，这一枚反砂咸蛋黄可谓集精华之所在，令人食指大动。被一年的风霜镶上的一身坚硬外壳在年节的氛围中也变为脆甜，轻轻咬上一口，细腻绵滑的纯真自我反而在经过层层包裹之后，散发着更加耀眼的光彩。

铺开一张薄如蝉翼的腐膜，马蹄、香葱、五花肉、虾米等材料，在五香粉、花椒粉与大地鱼粉的润色下，激发出专属于潮汕的鲜美。用腐膜将馅料裹成长条，蒸熟后冷却切块，油锅炸香，蘸上天作之合的金橘油，这道潮汕鱼卷无论何时何地，都能精准的传递来自家乡的无限柔情。

瓜册、花生米、芝麻、白砂糖混合成甜美无比的内馅，包裹进淡黄色的面皮里，捏出一个个灵巧的褶子，入锅油炸后飘出的酥香，可以渗入到每一缕空气中，萦绕在节日的每一个角落里。

为了迎接癸卯年的到来，特意制作了一款散发着浓浓国风味道的兔子剪纸巧克力片，用它来搭配餐桌上的任何点心，都是画龙点睛。

而团圆的期盼落点在一碗绵软香甜的白果芋泥上，想来再好不过。芋头蒸软碾碎后加猪油、白糖炒制成芋泥馅，白果用浓糖水熬煮至半透明，二者相合，佐以少许白芝麻，淋上糖汁，美味即成。潮汕人钟爱的芋头与白果，在厚厚的糖汁包裹下稠得化不开，一如宗祠文化世代坚守的血浓于水，哪怕天各一方，都将在新春到来之

际，从五湖四海奔赴而至。

关于佳节餐桌的一切准备，至此圆满礼成。

从家乡捎来的年节小吃与瓜果业已悉数到齐，盼了又盼的团圆即将如约而至。

小满酿下的青梅酒可以初尝，这一年所有的得失也将成为过往。

款款深情赠四时

今日之后，壬寅年的二十四节气便全部过完了。

从母亲时常年念唱的二十四节气歌中，我第一次听到“节气”这个名词。三年前在家中制作第一桌节气菜肴时，我隐约感知到时节对于寻常日子的特别意义。而在今年一段段节气视频的策划拍摄过程中，在非遗手工与传统工艺研习的艰难里，在等待当季果实成

熟时与时间赛跑的紧迫中，在将近三百道应节美食的亲手制作时，我真切感受到传统文化的博大精深与大自然的伟大神奇。

单纯的时间流逝或许是无意义的重复，但人类文明赋予了它实质的意义，在一年三百六十五天中挑选出了特别重大的日子，给予它们吉祥美好的名称，指引着人们走向团聚，祭拜祖辈，感念生命，不忘来处。

大自然的每一次细微变化原本稍纵即逝，但祖先用智慧将它们划分为四季，精准的归纳为二十四节气，应时耕种，应时生活，与天地相参，与日月相应。

正因如此，时间得以永恒，岁月不再无声。

这一年，我们相伴走过四季，见过春耕后的第一寸稻叶，闻过秋收时的末一缕稻香。屋头的无患子树发芽时结识了我们，相伴到落下了枝头的最后一片叶子。

我们见过一树树花开，我们尝过一枚枚果香，在晴雨冷暖之间，经历了生命中难以忘怀的一年。

这一年，我们谢绝商业合作，放弃经济收益，以最单纯的初心努力的传递着，也因此收获了更为无价的感动。

浙江丽水大山里种板栗的农民小哥，听说我赶着用新鲜毛栗子拍节气视频，专程开着小车为我将天黑前采下的板栗运到县城发顺丰快递。五十八块钱的板栗，要四十五块钱的运费，他说，你做视频不赚钱，我把板栗送你了，你要坚持做下去。

拍“拖桃拖李”时，老乡大姐扛着十来斤的桃子，追着险些错过的快递车跑了很久。

福建诏安卖青梅的姐姐，赶在最后一批白粉梅成熟时上山一颗一颗为我挑选梅子，于是才有了小满节气色彩动人的青梅，才有了今日我们得以共享的佳酿。

感恩一切的遇见，感恩一路的相伴，感谢对所有不足的包容，感谢每次发布后，所有朋友无微不至的勉励、指导和肯定。

明日便是除夕，佳节到来之际祝各位新春吉祥，四时安康。

我是丹丽，一个喜欢节气文化的潮汕女娘。

期待新的一年，我们更加美好的相遇。

二十四节气菜谱
食語四季

彩色春饼福袋

cǎi sè chūn bǐng fú dài

步骤

彩色果蔬汁

1.根据自己的喜好准备彩色果蔬汁，推荐胡萝卜汁、菠菜汁、紫甘蓝汁、火龙果汁等。

果蔬汁

20分钟

2.将中筋面粉分为100克一份，每份加入50克果蔬汁，和成光滑面团，盖上保鲜膜醒20分钟左右。

擀成皮　8个

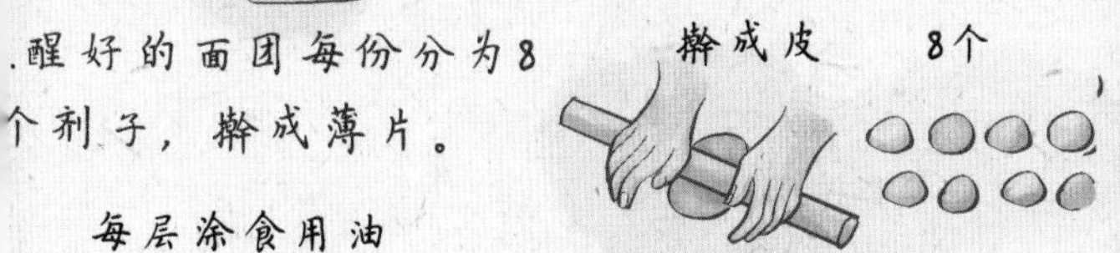

3.醒好的面团每份分为8个剂子，擀成薄片。

每层涂食用油防粘

4.将擀好的同色面片叠在一起，每层中间涂食用油防粘。

擀成大饼

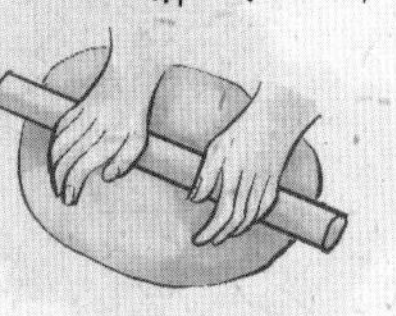

5.叠好的面片用手按扁，用擀面杖擀成一张约20厘米直径的大饼，注意用力均匀。

15分钟

6.蒸笼里垫好屉布，煮开水后上锅蒸15分钟左右即可。

7.根据自己的口味准备各色配菜，推荐猪肉丝、蛋丝、胡萝卜丝等。

各种配菜

8.揭开蒸好的春饼，加入配菜，用烫好的韭菜捆绑收口，整理成福袋形状即可享用。

用料

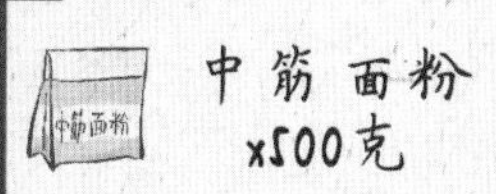

中筋面粉 x500克

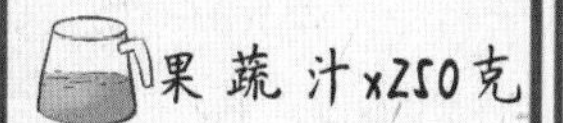

果蔬汁x250克

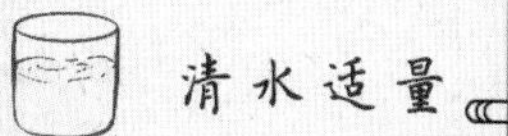

清水适量

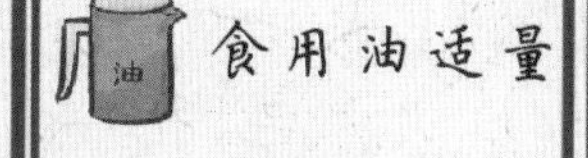

食用油适量

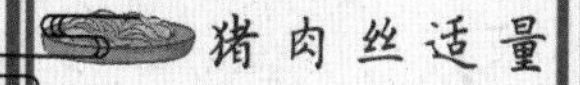

猪肉丝适量

蛋丝适量

蔬菜适量

烫熟韭菜适量

雨后春笋天下鲜

竹筒饭

zhú tǒng fàn

步骤

新鲜竹节清洗干净，晾干备用。

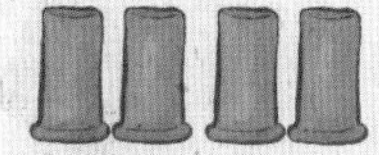

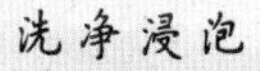

2.香米淘洗干净后，加水浸泡1个小时。

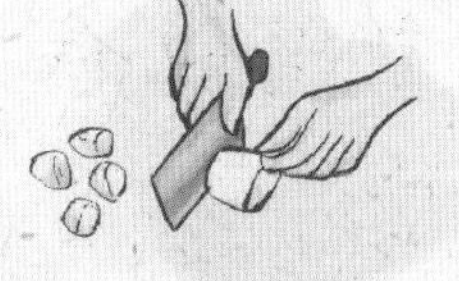

将五花肉、春笋、胡萝卜、
菇、腊肠分别切丁备用。

4.胡萝卜丁、春笋丁分别焯水后过冷水备用。

锅中热油，加入五花肉丁煸
，依次加入腊肠丁、香菇
、青豆、玉米粒、胡萝卜
、春笋丁翻炒。

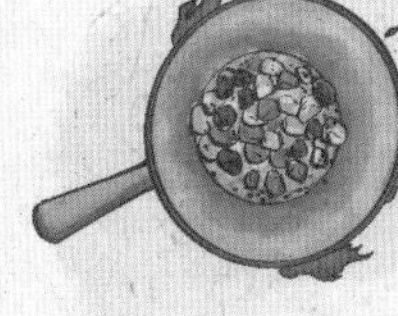

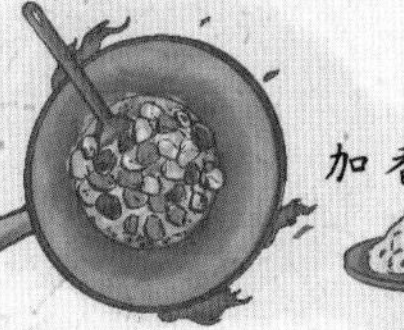

6.泡好的香米沥干水，加入锅中一同翻炒。

根据自身口味加入生抽
调料。

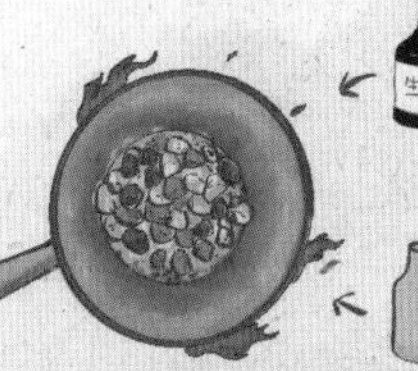

8.炒好的材料填入竹筒中，用箬竹叶覆盖，用棉绳绑紧。

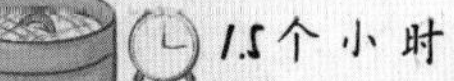

锅烧水，放入绑好的竹
大火煮开后转中火蒸1.5个
时，美味即成。

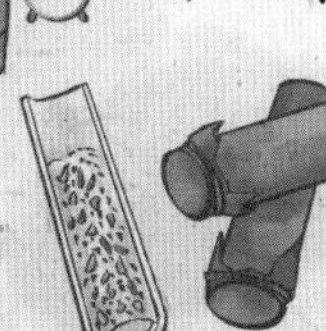

用料

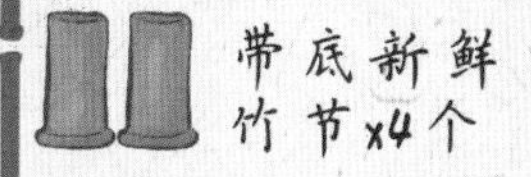
带底新鲜竹节x4个

香米x500克

五花肉x200克

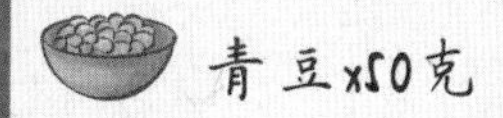
青豆x50克

玉米粒x50克

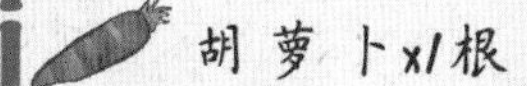
胡萝卜x1根

春笋x2根

香菇x4朵

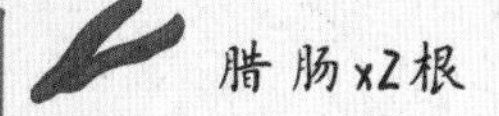
腊肠x2根

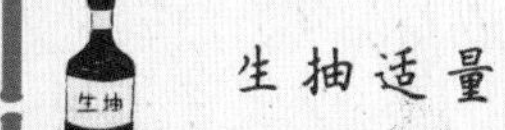
生抽适量

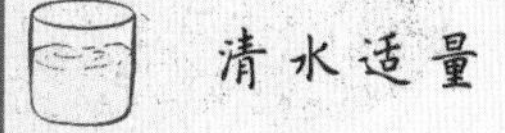
清水适量

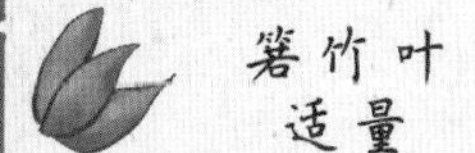
箬竹叶适量

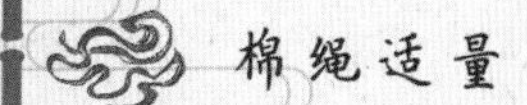
棉绳适量

梨香隐隐春正浓

水晶梨子

shuǐ jīng lí zi

步骤

.银耳加水泡发备用。

2.雪梨洗净，果蒂留用，果肉去皮去核切块，金橘洗净，红枣去核备用。

将梨肉、梨皮、泡发的银
、金橘、红枣、冰糖一同
入炖锅中，加2000毫升左
的清水炖煮1.5个小时。

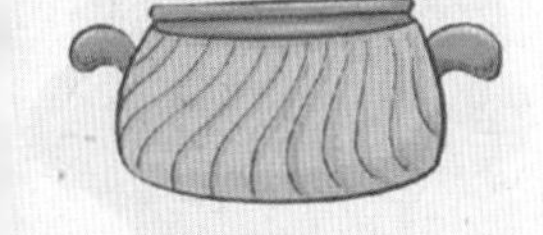

4.汤汁黏稠时起锅过滤出梨汁。

煮沸后
加白凉粉
搅拌

梨汁再次煮沸后加入白凉粉
拌溶解。

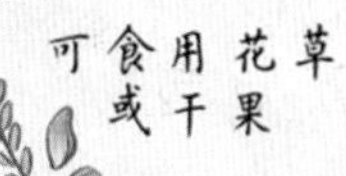

入
粉水

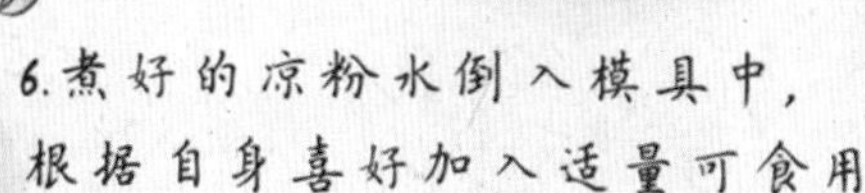

6.煮好的凉粉水倒入模具中，根据自身喜好加入适量可食用花草或果干，冷藏凝固。

凝固好的梨冻脱模，点缀上
蒂，可爱的水晶梨子便做
了。

最是春花烂漫时

紫荆花水晶饺

zǐ jīng huā shuǐ jīng jiǎo

步骤

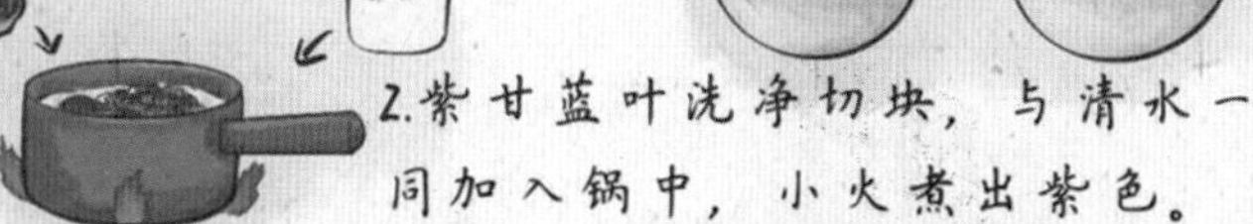

.香椿洗净，鸡蛋打散备用。

2.紫甘蓝叶洗净切块，与清水一同加入锅中，小火煮出紫色。

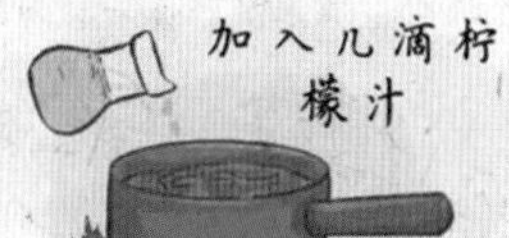

煮好的紫甘蓝汁中滴入几
有柠檬汁，酸碱作用下紫色
变为玫红，加热煮沸。

4.澄面、土豆淀粉加入面盆中搅拌均匀，将煮沸的紫甘蓝汁加入粉中，用筷子搅拌成絮状。

.晾至不烫手时揉成光滑面
团，盖上湿布松弛20分钟。

6.锅中烧水，水沸腾时加入香椿，香椿由红变绿时起锅过凉水，控干水分，切碎备用。

7.炒锅热油，将鸡蛋快炒成蛋碎。

8.将香椿碎与蛋碎混合，加入芝麻油、盐等调味料搅拌均匀，馅料即成。

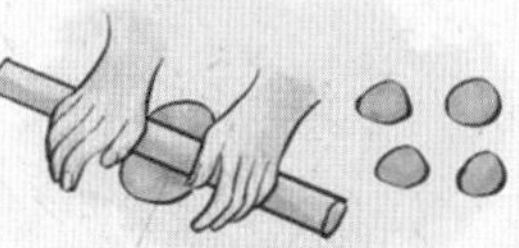

将松弛好的饺子皮分成12
等份，取一份擀薄，包入适
量的馅料，捏成五角形。

10.再用拇指和食指在每个瓣上推出皱褶，两瓣相连捏成花型，用胡萝卜碎装点花心。

.取蒸锅，包好的饺子冷水上
锅，水开后蒸15分钟即可。

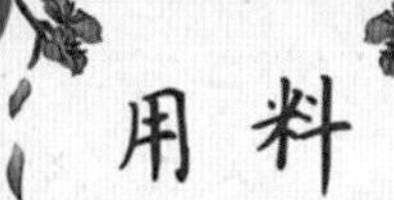

用料

饺子皮

紫甘蓝叶x5片

清水x80克

柠檬汁适量

澄面x100克

土豆淀粉x50克

馅料

香椿x100克

鸡蛋x2枚

食用油适量

芝麻油适量

盐适量

胡萝卜碎适量

红豆沙青团

hóng dòu shā qīng tuán

步骤

1.红豆沙分成25克一个，冷藏备用。

2.新鲜艾草去除硬梗，只留嫩叶，洗净备用。

3.取砂锅烧开水（用铁锅煮会使艾草变黑），加入2克小苏打，放入艾草煮2分钟。

挤干水

4.捞出艾草过凉水，冲洗后挤干水分备用。

5.加入适量清水，将艾草打成艾草泥备用，一部分过筛出艾草汁。

6.取器皿加入澄粉，一次性倒入50克开水，搅拌成半透明的面团备用。

7.取面盆，加入糯米粉、糖、猪油，稍微搅拌均匀之后，倒入约250克艾草泥或纯艾草汁，用筷子搅成絮状之后揉成团。

8.加入澄粉面团，揉至均匀融合即可。

9.将面团分为40克一份，压扁包入红豆沙，收口并揉圆。

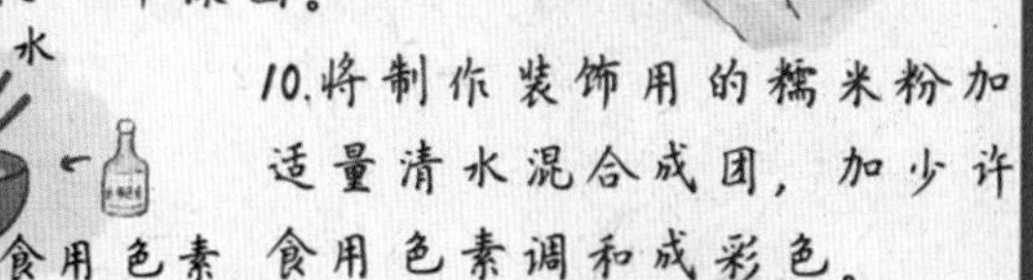

10.将制作装饰用的糯米粉加适量清水混合成团，加少许食用色素调和成彩色。

11.用烘焙模具印出花朵、叶子等造型，装饰在包好的青团上。

8分钟

12.水烧开后上蒸笼大火蒸8分钟即可。

用料

糯米粉 x300克

白砂糖x45克

猪油x15克

艾草x250克

小苏打x2克

澄粉x45克

开水x50克

玉米油适量

红豆沙x400克

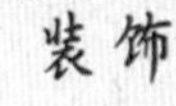
装饰

糯米粉x100克

清水适量

食用色素适量

一杯清茗致暮春

龙井茶糕

lóng jǐng chá gāo

步骤

.取蒸笼垫上蒸布，将粘米粉与糯米粉混合均匀后倒入蒸笼，上锅大火蒸30分钟。

2.将牛奶、白砂糖、玉米油倒入容器中混合均匀，静置片刻。

搅拌

茶粉

白豆沙

龙井茶打成粉末，加入白豆沙中搅拌均匀，使龙井馅。

4.将静置的混合液倒入蒸好的粉中，搅拌均匀后用筛网过筛。

.将龙井馅分成20克1份，揉成圆球。

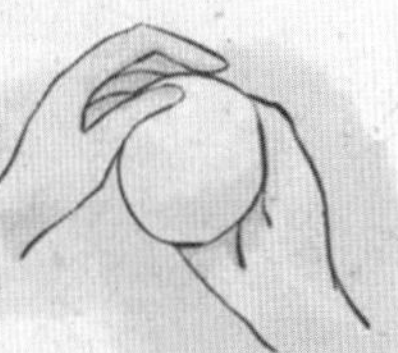

一半米粉

馅料

加满米粉

6.模具中先放入一半米粉，再加入馅料，最后加满米粉，轻轻压实。

脱模

7.压模脱模，茶糕即成。

花叶五彩蛋中趣

彩色印花蛋

cǎi sè yìn huā dàn

步骤

1.鸡蛋清洗干净，擦干表面水分备用。

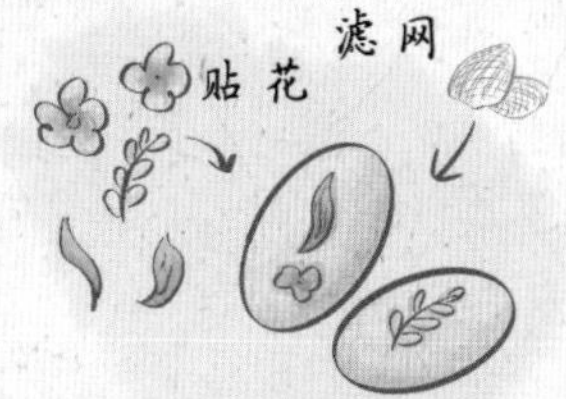

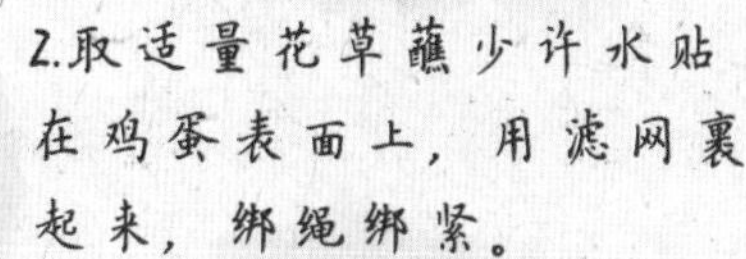

2.取适量花草蘸少许水贴在鸡蛋表面上，用滤网裹起来，绑绳绑紧。

3.将栀子剪开后加水泡出黄色汁水；5朵蓝蝶豆花加水泡出蓝色汁水；5朵蓝蝶豆花加水泡出蓝色汁水后，再加入柠檬汁即可获得紫色汁水；洛神花加水泡出暗红色汁水；艾草汁加水调成绿色汁水。

4.将彩色汁水分别煮开，把步骤2的鸡蛋分别放入其中，每个颜色各2个鸡蛋。

5.大火煮开后，转小火煮5分钟，关火后将鸡蛋继续浸泡在汁水中，可放入冰箱冷藏一夜，上色效果更佳。

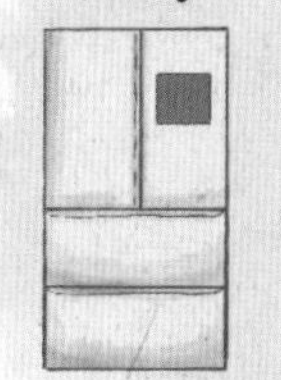

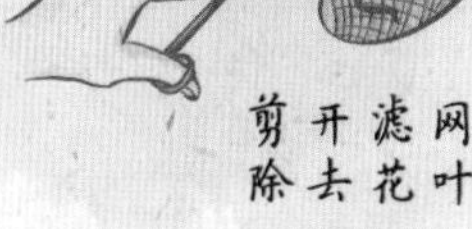

6.剪开滤网，除去鸡蛋上面的花叶，即可制成美丽的彩色印花蛋。

用料

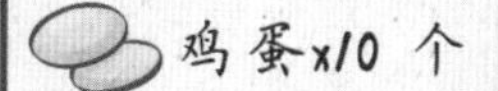
鸡蛋x10个

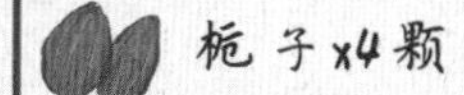
栀子x4颗

蓝蝶豆花x10朵

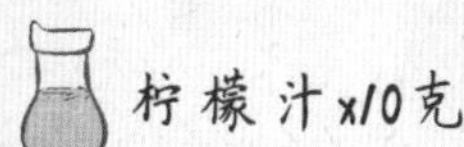
柠檬汁x10克

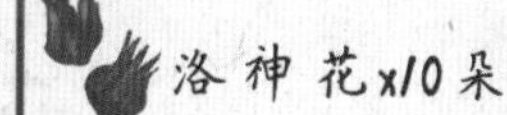
洛神花x10朵

艾草汁x50克

花草叶若干

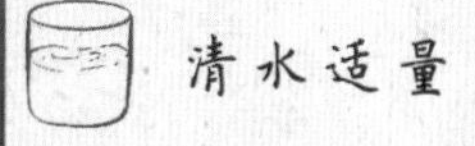
清水适量

工具

滤网x10个

绑绳适量

手搓梅子笑迎人

青梅酒

qīng méi jiǔ

步骤

1.选出品相完好的青梅，在盆中加入清水、少许盐，浸泡半小时左右，逐颗清洗干净。

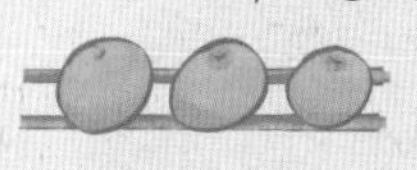

2.将洗好的梅子沥干水，放在通风处阴干，确保梅子干透。

3.用牙签去除果蒂。

4.密封玻璃瓶清洗干净，耐热玻璃瓶用高温消毒，不耐热玻璃瓶可用高度白酒湿润内壁消毒，消毒完成后彻底晾干。

5.瓶子底部先加入一层青梅，再采用一层青梅、一层黄冰糖的顺序，按比例将青梅和黄冰糖放入瓶中，最后倒入比例所需白酒。

6.密封后静置于阴凉干燥处，避免日晒。

用料

青梅适量

黄冰糖适量

高度白酒适量

29.5度九江双蒸适量

盐适量

密封玻璃瓶1个

根据准备的瓶子大小计算用料的具体用量

青梅:黄冰糖:白酒=2:1:2

即1斤青梅配半斤黄冰糖、1斤白酒

注：前一个月隔3日左右将瓶盖打开细缝放气，一个月后静置即可，密封3个月以上便可开坛畅饮。

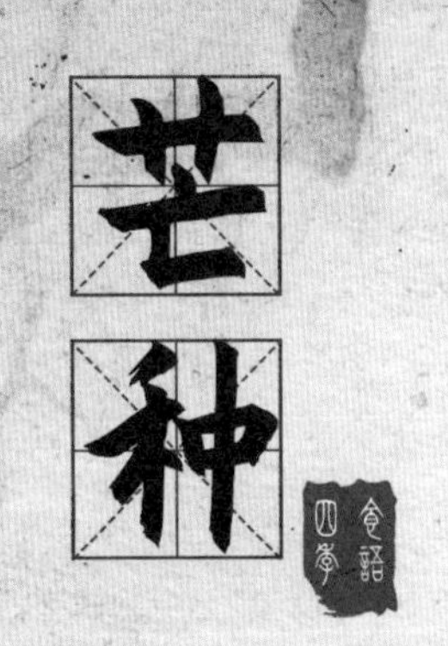

鲜香雏鸭润苦夏

盐水鸭

yán shuǐ yā

步骤

1.将盐巴与红花椒一同加入锅中小火翻炒5分钟左右，必须全程最小火并不断翻炒，以防煳锅，炒出香味后，离火晾凉备用。

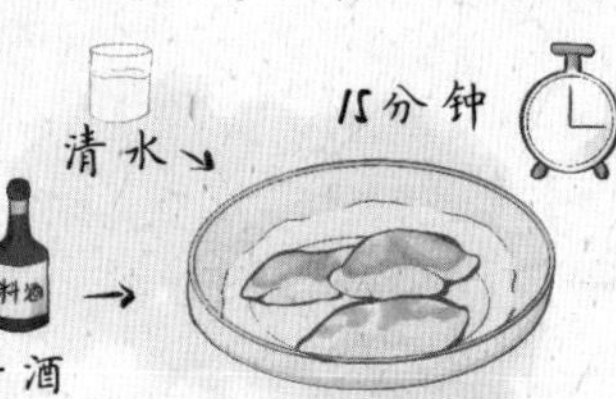

2.鸭胸肉洗净，盆中加入清水与料酒，放入鸭胸肉浸泡15分钟后洗净沥干水，可去除腥味。

将水吸干

按摩均匀

3.用厨房纸将鸭胸肉表面水分吸干后，加入炒制好的花椒盐，两面按摩均匀。

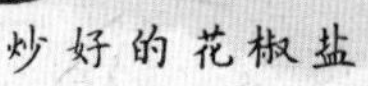

炒好的花椒盐

冷藏

12小时以上

4.将花椒盐与鸭胸肉一同装好放入冰箱冷藏12小时以上，使其入味。

5.腌制完成后的鸭胸肉取出洗去表面的花椒盐，沥干水备用。

沥干水备用

6.另起锅，加入适量清水，放入葱结、姜片、料酒及其他所有卤料，大火烧开后放入鸭胸肉，盖上锅盖。

小火

15分钟

7.全程小火煮15分钟左右关火，不要揭开锅盖，让鸭胸肉在卤水中浸泡焖至自然冷却。

8.取出鸭胸肉切片装盘，即可食用。

用料

鸭胸肉x3块

盐巴x50克

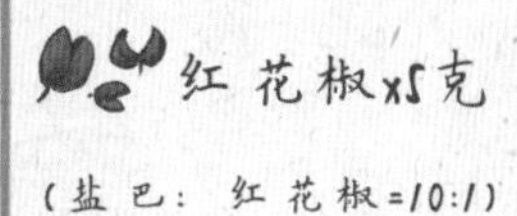

红花椒x5克

（盐巴：红花椒=10:1）

葱结x1个

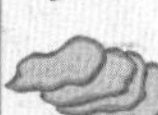

姜片x4片

料酒x2勺

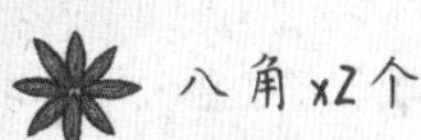

八角x2个

草果x1个

桂皮x1块

香叶x2片

白芷x2片

茴香x3克

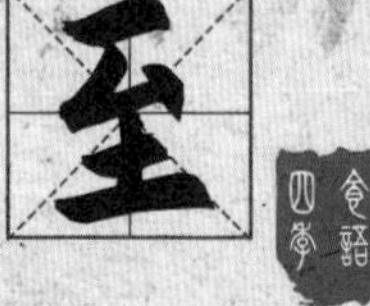

乡味去暑沁人心

潮汕草粿

cháo shàn cǎo guǒ

步骤

1.草粿草洗干净，放入锅中浸泡1小时以上。

食用碱

2.捞出草粿草放入锅中，加3000毫升清水，大火煮开后放入食用碱，搅拌均匀。

3.转小火熬煮2小时，其间要不时搅拌，利于出胶。

4.关火晾凉，用过滤袋过滤出草粿水。

5.剩下的草粿草加入适量清水搓洗出胶，再将水过滤出来。

番薯粉溶解

6.过滤好的草粿水称一下重量，按照每500克草粿水搭配20克番薯粉的比例称好番薯粉，并用适量清水将番薯粉化开至无颗粒状态。

草粿水

7.草粿水重新入锅，煮开后捞去浮沫，缓缓加入番薯粉水，不停搅拌以免糊锅。

薯粉水

不停搅拌

8.搅拌至浓稠即可关火，晾凉凝固后即可食用，加入红糖粉风味更佳。

用料

草粿草x120克

清水x3000毫升

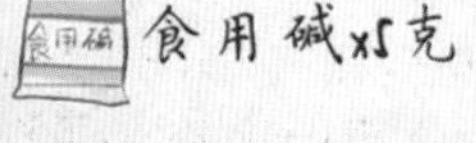

食用碱x5克

番薯粉x80克

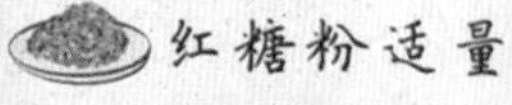
红糖粉适量

夏令滋补鳝为首

响油鳝糊

xiǎng yóu shàn hú

步骤

1.黄鳝做去骨处理，剪掉头尾，只保留中间肉段，洗净沥干水备用。

2.姜、葱、蒜分别切成末备用。

3.起锅烧水，水中加入适量姜、葱，放入处理好的鳝鱼，煮沸后捞出，洗净沥干水备用。

4.将黄鳝肉段切成丝备用。

5.锅中热油，放入一半的姜、葱、蒜末，爆香后加入黄鳝丝翻炒。

6.加入除白胡椒粉外的所有调味料，适量加一点水，翻炒后焖煮3分钟。

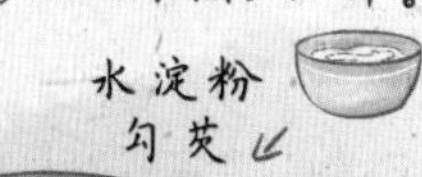

7.锅中开始收汁时，加入水淀粉勾芡。

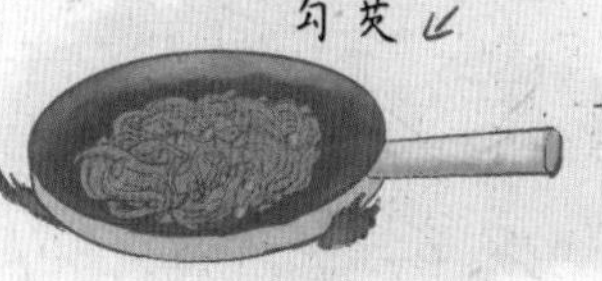

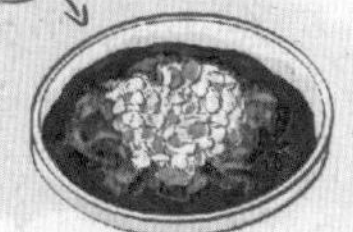

8.起锅，将剩余的姜、葱、蒜末撒在鳝丝上。

9.另起锅加入适量麻油，烧热后淋到姜、葱、蒜末上，便是“响油”了。

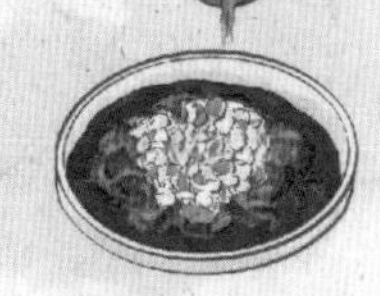

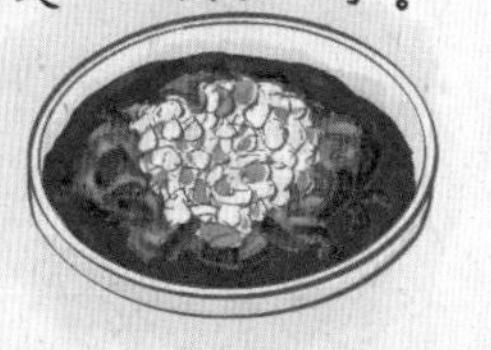

10.撒上适量白胡椒粉，即可食用。

用料

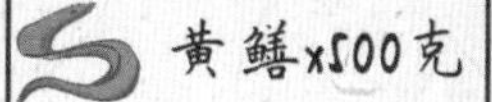
黄鳝x500克

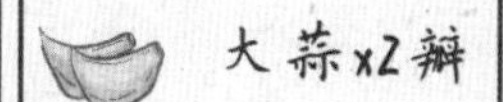
大蒜x2瓣

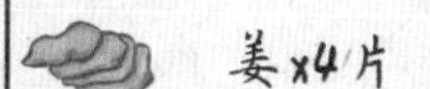
姜x4片

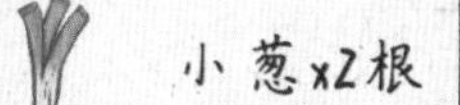
小葱x2根

糖x1勺

米醋x1勺

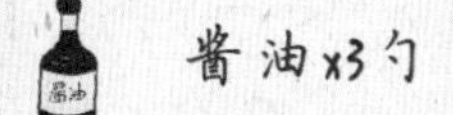

酱油x3勺

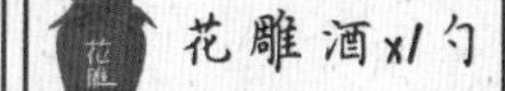

花雕酒x1勺

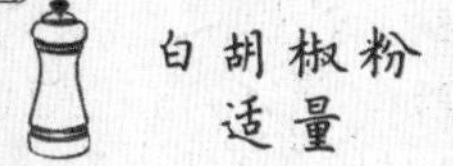
白胡椒粉适量

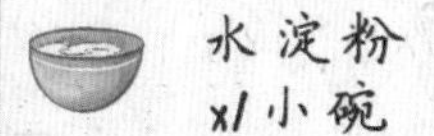
水淀粉x1小碗

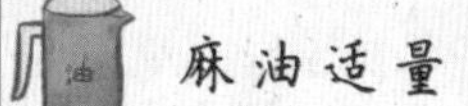

麻油适量

波漾夏趣荷风香

绿波荷趣

lǜ bō hé qù

步骤

1.菠菜焯水后过冷水，加适量饮用水，用料理机打成菠菜汁。

2.莲藕洗净切块，与鸡胸肉一起用料理机搅打成肉泥。

3.依次在肉泥中加入蛋黄、淀粉、料酒、生抽、香油，搅打均匀。

菠菜汁

4.取一部分搅打好的肉泥，加入一小勺菠菜汁搅打均匀，调成绿色。

5.大虾仁开背分成两半，尾部不切断，蘸上薄薄一层面粉。

蘸上面粉

原色肉泥　绿色肉泥

6.依次取原色肉泥在大虾上做成鸳鸯身体，绿色肉泥做成鸳鸯头部，露出虾尾作为鸳鸯尾部。

7.胡萝卜、青瓜削薄片雕成翅膀、头冠、嘴巴等部件装饰鸳鸯，用黑芝麻装饰眼睛。

胡萝卜，青瓜（翅膀，嘴）　黑芝麻（眼睛）

8.虾滑加淀粉、料酒、盐巴搅打均匀。

9.新鲜百合洗净后用小刀削出花瓣形状，层层装饰在虾滑上做成荷花形状。

8分钟

10.做好的鸳鸯、荷花摆盘，水开后大火蒸8分钟即可起锅。

11.菠菜汁加入适量盐巴调味，加热后倒入蒸好的菜品中，即可享用。

用料

鸳鸯部分

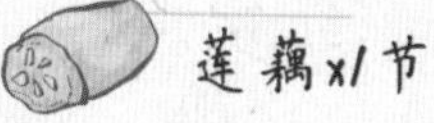
莲藕x1节

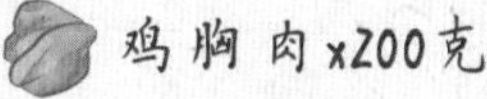
鸡胸肉x200克

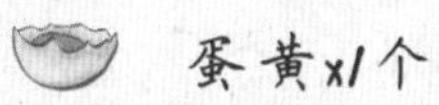
蛋黄x1个

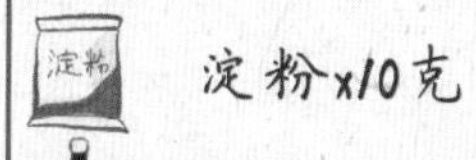
淀粉x10克

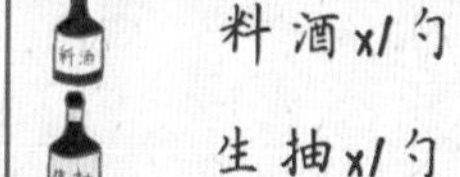
料酒x1勺

生抽x1勺

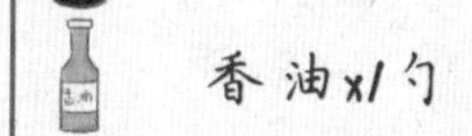
香油x1勺

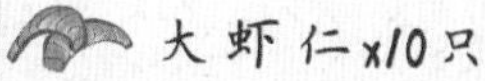
大虾仁x10只

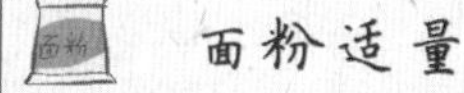
面粉适量

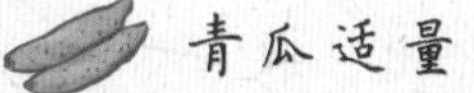
青瓜适量

胡萝卜适量

黑芝麻适量

荷花部分

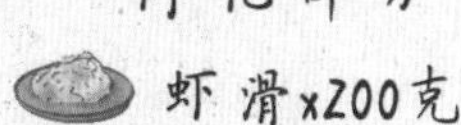
虾滑x200克

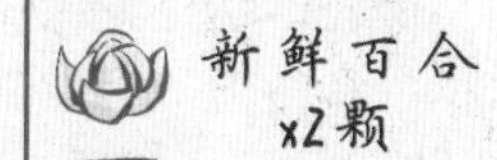
新鲜百合x2颗

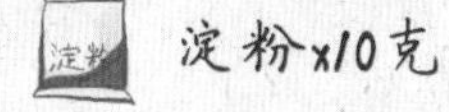
淀粉x10克

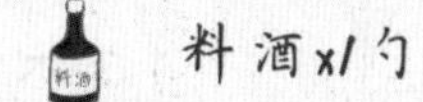
料酒x1勺

盐巴适量

绿波部分

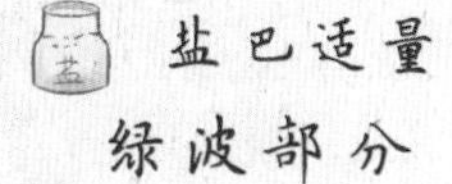

菠菜x100克

清水适量

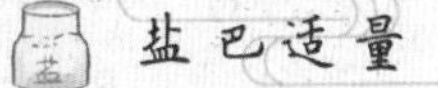
盐巴适量

生鲜味美意难忘

潮汕"毒药"生腌膏蟹

cháo shàn dú yào shēng yān gāo xiè

步骤

1.膏蟹放入容器中，倒入高度白酒浸泡，可消毒杀菌并使膏蟹酒醉，方便清洗。

2.蒜头、小米辣、香菜、红葱头、姜分别切碎。

3.切好的配料放入容器中，加入所有调味料，加入适量清水调和成生腌汁备用，可根据自身口味做调整。

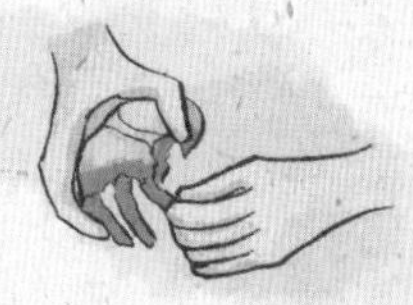

4.将蟹盖掰开，去除蟹脐、蟹嘴、蟹腮、蟹心。

5.刷洗干净后将蟹身剪成四块，用锤子把大钳敲开。

冷藏

24小时

6.处理完成的膏蟹放入生腌汁中，放置于冰箱中腌制24小时即可食用。

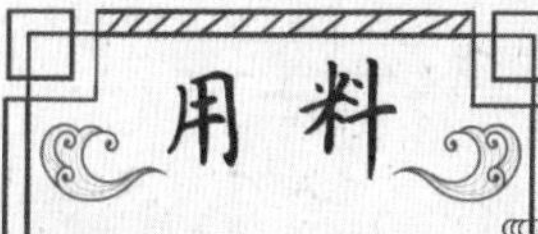

用料

鲜活膏蟹x2只

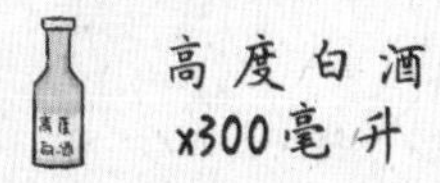

高度白酒x300毫升

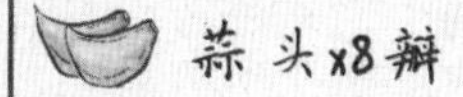

蒜头x8瓣

小米辣x4颗

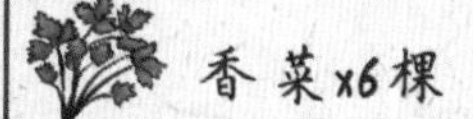

香菜x6棵

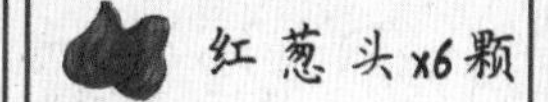

红葱头x6颗

姜x20克

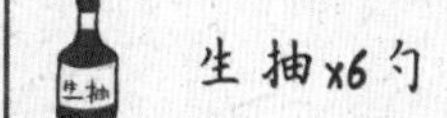

生抽x6勺

鱼露x5勺

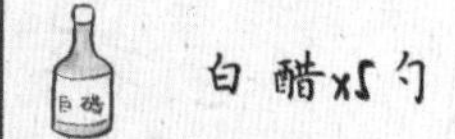

白醋x5勺

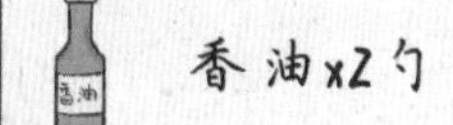

香油x2勺

白砂糖x1勺

清水适量

香脆甘甜趣味多

芝香玉米烙

zhī xiāng yù mǐ lào

步骤

1.玉米粒洗净，焯水2分钟。

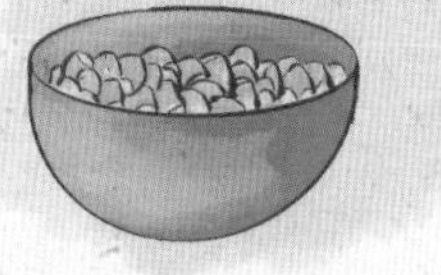

2.煮好的玉米捞出，加入白砂糖、糯米粉和玉米淀粉，搅拌均匀，使每粒玉米都裹上粉，如果觉得太干裹不住，可适量加一点清水。

3.锅中倒入约平时炒菜5倍量的花生油，烧热后将其中大部分油倒到一个干净无水的碗中备用，锅中只留少部分油。

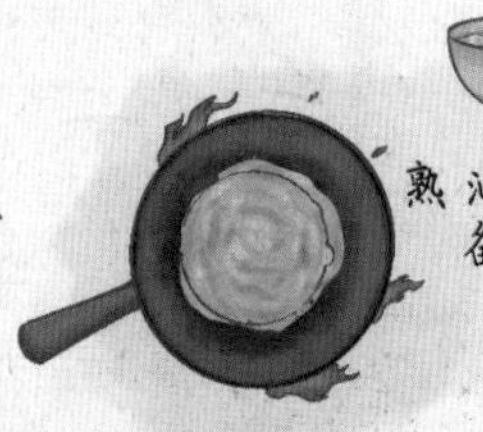

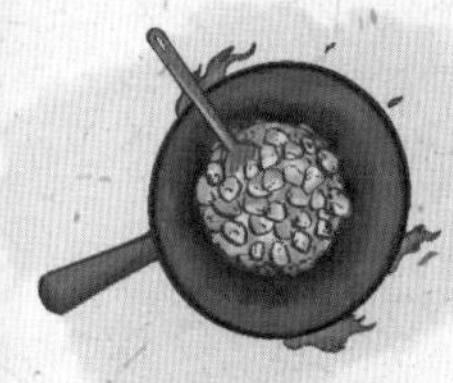

4.将玉米放入锅中，用铲子轻轻摊平，或借助模具做出造型，中小火慢慢煎至定型。

5.将备用油倒入锅中，小火将玉米炸至微微金黄。

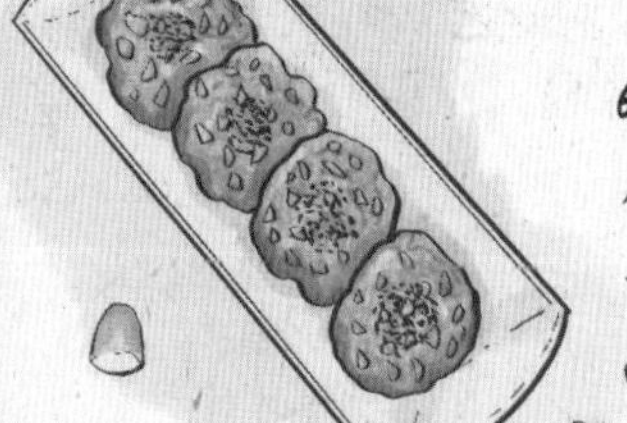

6.加入芝士块，撒上黑芝麻，关火盖上盖子，等待芝士融化即可起锅享用。

用料

玉米粒x200克

白砂糖x10克

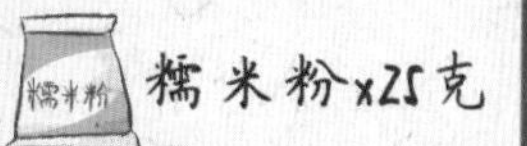

糯米粉x25克

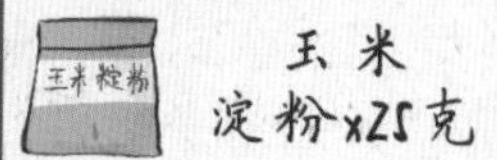

玉米淀粉x25克

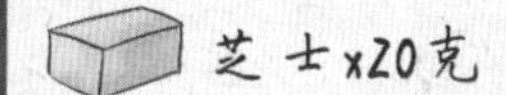

芝士x20克

黑芝麻适量

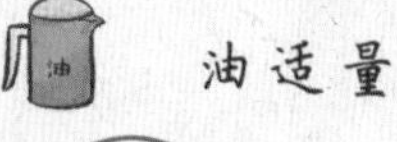

油适量

润肺生津秋燥消

川贝秋梨膏

chuān bèi qiū lí gāo

步骤

1.梨子用盐搓洗表皮，洗净后晾干备用。

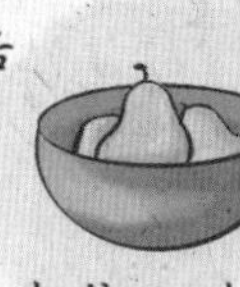

2.红枣去核，生姜去皮切片备用。

3.梨子去皮，皮留用。

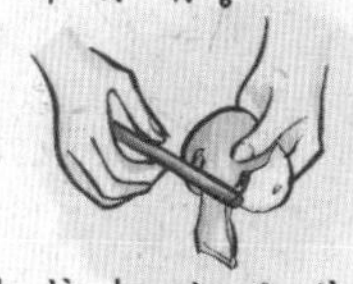

梨打碎

4.梨肉去核切块后放入破壁机中打成泥，尽量打碎一些。

5.打好的果泥倒入锅中，加入梨子皮、红枣、生姜片、山楂干、罗汉果、川贝，搅拌均匀后，大火烧开转小火煨煮1个小时，此间需不断搅拌避免糊锅。

6.起锅晾凉，用过滤袋滤出煮好的梨汁。

7.将梨汁倒回干净锅中，加入黄冰糖小火收汁，不断搅拌避免糊锅。

8.梨汁黏稠时便可关火，装入消毒晾干的密封罐中即可，建议放入冰箱中冷藏保存。

.用无水无油的勺子舀一勺入杯中，加温水调开便可饮用。

用料

梨子x500克

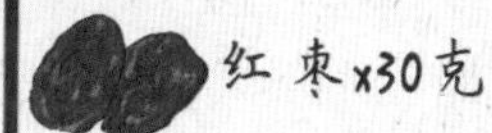

红枣x30克

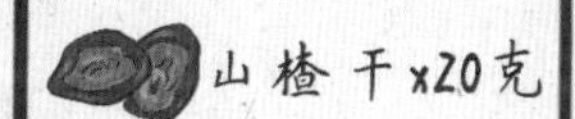

山楂干x20克

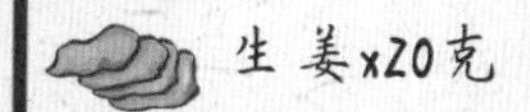

生姜x20克

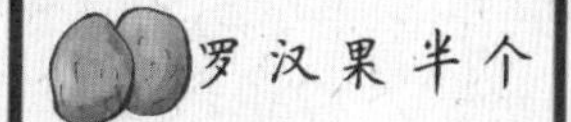

罗汉果半个

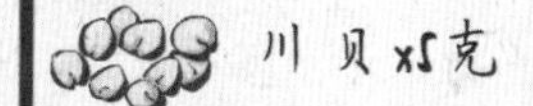

川贝x5克

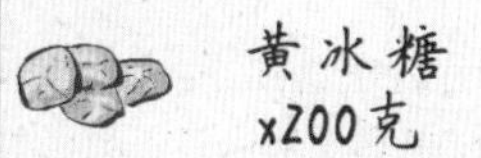

黄冰糖x200克

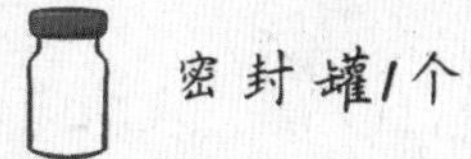

密封罐1个

秋分
几味家常藏乾坤
秋分
秋日彩蛋
qiū rì cǎi dàn

步骤

.煮一锅开水，将可生食鸡蛋放入水中煮3分钟，关火后焖分钟。

冷却后剥壳

2.煮好的鸡蛋捞起来放入冰水中，冷却后剥壳备用。

肉末加入海盐和黑胡椒分等搅拌均匀，也可根据自身口味进行调味。

4.取一团调好味的肉末，压扁后裹住剥好壳的鸡蛋，动作要轻柔，在避免将鸡蛋挤碎的同时，尽量用肉末裹紧鸡蛋。

裹好肉末的鸡蛋依次蘸上面粉、鸡蛋液、彩色面包糠，均匀裹好后备用。

6.冷锅倒油，中火加热，油温六成熟时放入裹好面包糠的鸡蛋，用中火将其炸透。

炸熟后起锅控油，即可切开享用这一枚溏心的美味彩蛋。

用料

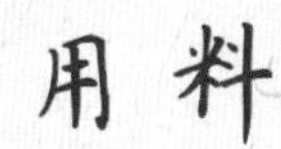

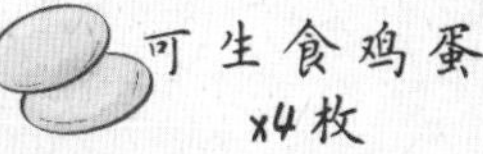
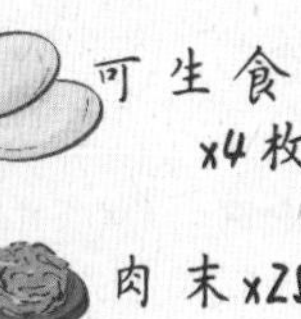

可生食鸡蛋 x4枚

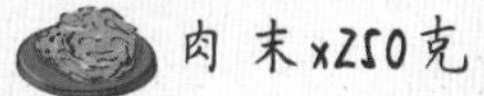

肉末x250克

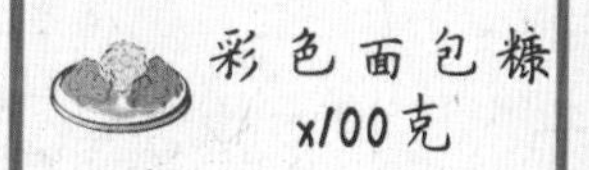

彩色面包糠 x100克

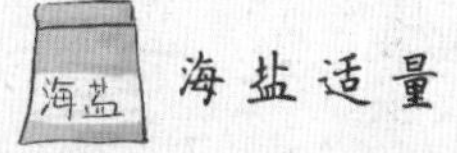

海盐适量

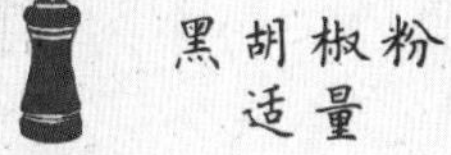

黑胡椒粉 适量

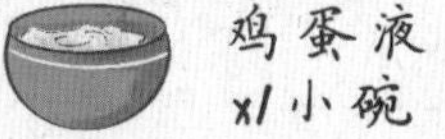
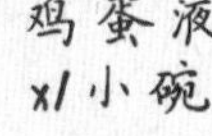

鸡蛋液 x1小碗

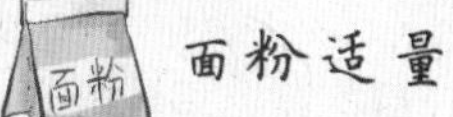
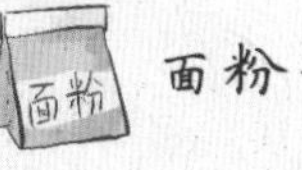

面粉适量

隽永最是清欢味

蟹粉狮子头

xiè fěn shī zi tóu

步骤

1.取鸡肉加姜片、清水炖煮出一锅高汤备用。

2.将小葱、生姜切末，泡在饮用水中备用；马蹄切碎备用；白菜叶洗净，将叶子与菜帮子切开备用。

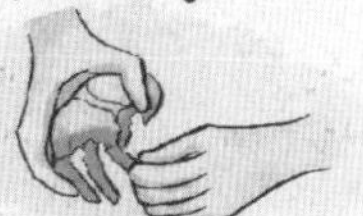

3.大闸蟹蒸熟后，耐心剥出蟹黄、蟹肉备用。

葱姜水

4.将肉末放入大碗中，少量多次加入姜葱水，每次加入都要搅打至完全吸收。

5.加入料酒、盐、鸡蛋清、生粉，顺一个方向搅拌至上劲黏稠。

盐 鸡蛋清 料酒 生粉

6.将马蹄、剥好的蟹黄蟹肉加入肉中，搅拌均匀。

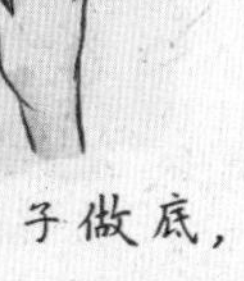

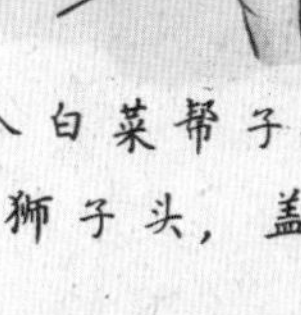

7.取一团肉，在两个手掌中来回摔打至紧实成型。

8.锅中放入白菜帮子做底，放上一颗狮子头，盖上白菜叶子。

9.沿锅边倒入鸡汤，大火烧开后转小火炖煮2个小时。

10.加适量调味与烫熟的青江菜，便可起锅享用。

用料

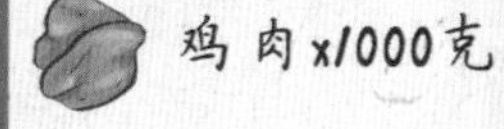
鸡肉x1000克

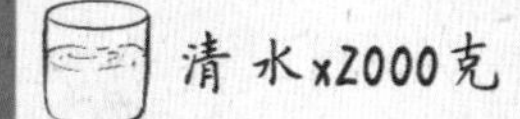
清水x2000克

生姜x4片

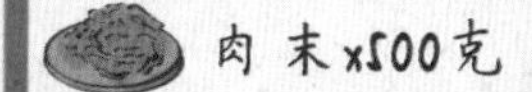
肉末x500克

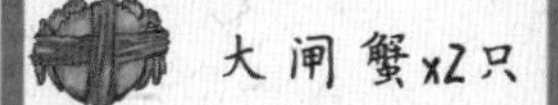
大闸蟹x2只

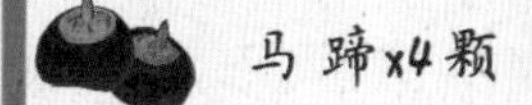
马蹄x4颗

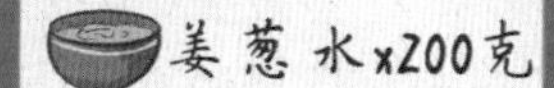
姜葱水x200克

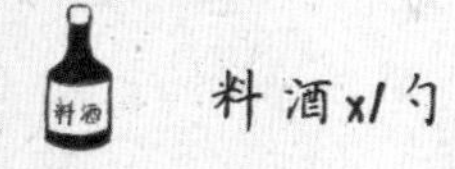
料酒x1勺

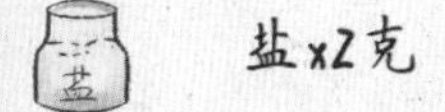
盐x2克

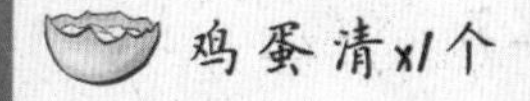
鸡蛋清x1个

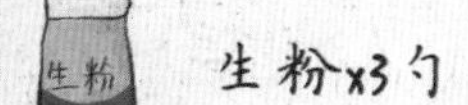
生粉x3勺

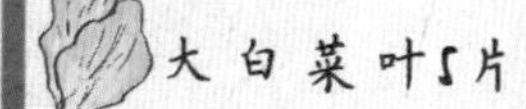
大白菜叶5片

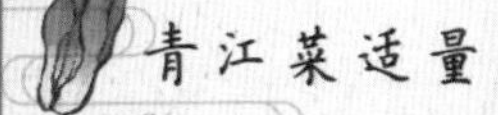
青江菜适量

柿子大福

shì zi dà fú

步骤

糯米粉 玉米淀粉

1.将牛奶、细砂糖搅拌均匀后，加入过筛好的糯米粉和玉米淀粉，搅拌至无颗粒。

2.加入适量食用色素调和出柿子的颜色，盖上保鲜膜，用牙签戳几个小洞。

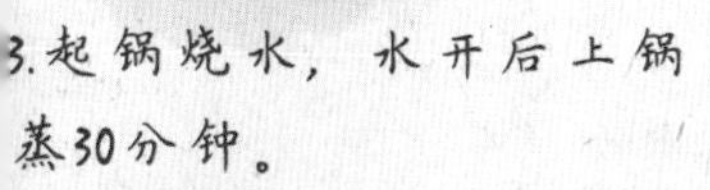

3.起锅烧水，水开后上锅蒸30分钟。

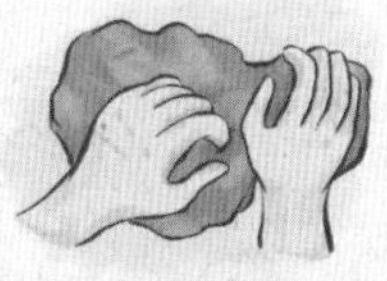

4.蒸好的面团加入黄油，将黄油充分揉入面团中，并揉至柔韧可拉长的状态。

5.取无水无油的干净容器，倒入淡奶油，加入糖粉，打发至有明显纹路的状态，装入裱花袋中备用。

去皮

6.柿子去皮取肉，装入裱花袋中备用。

.将面团切分成等量的剂子，压扁擀成圆形面片。

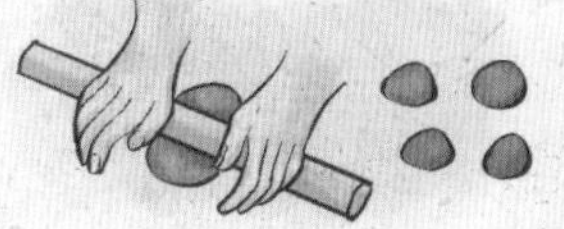

奶油→
柿子泥→
奶油→

8.在面片中先挤入一层打发好的奶油，再挤入一层柿子泥，最后挤上一层奶油。

.捏紧包裹，收口朝下，装饰上柿子果蒂，几可乱真的柿子大福便制成了。

用料

糯米粉x100克

玉米淀粉x30克

细砂糖x20克

牛奶x150克

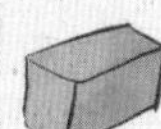
黄油x15克

食用色素适量

熟糕粉适量

淡奶油x200克

糖粉x20克

新鲜柿子x4个

柿子果蒂适量

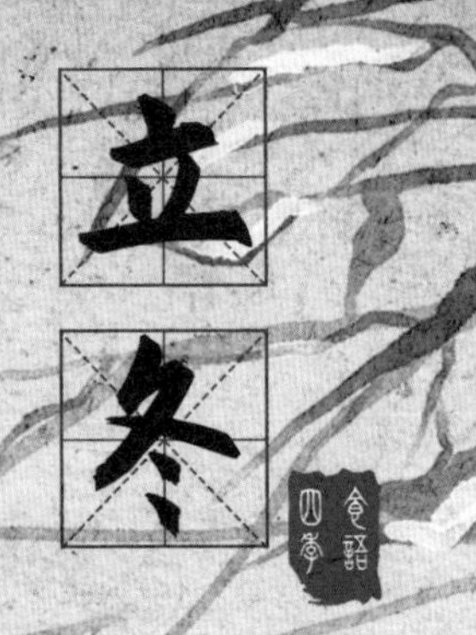

围炉共话故乡事

潮汕鱼册

cháo shàn yú cè

步骤

1.新鲜草鱼去骨去皮取肉，用绞肉机打成肉糜。

2.鱼肉糜放入碗中，加入盐、料酒搅打上劲。

3.猪肉末加入盐、料酒、红薯淀粉搅打上劲，再加入沙茶酱抓匀。

10克/份

4.将肉馅分成10克一个的小丸子备用。

5.将搅打好的鱼肉糜放在案板上，用手压住刀背将鱼肉糜铺开，再斜刀刮回来，使其形成皱褶。

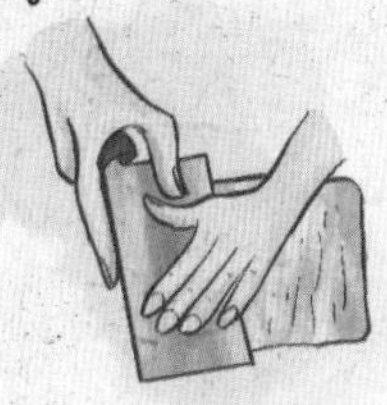

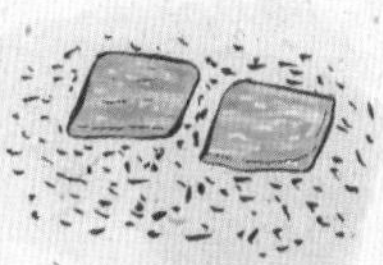

6.案板上撒上一层玉米淀粉，将刮好的鱼皮放在淀粉上。

7.包入一颗肉馅丸子，放上1根香芹段、1根红椒丝，然后将鱼皮卷起来，鱼册就制作完成啦，可以煮汤、涮火锅，味道非常鲜美。

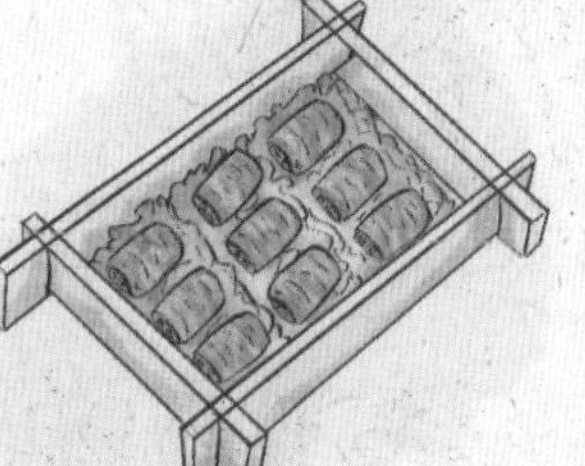

用料

鱼皮部分

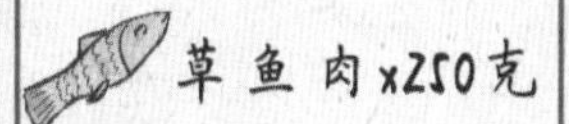

草鱼肉x250克

盐x3克

料酒x5克

玉米淀粉适量

肉馅部分

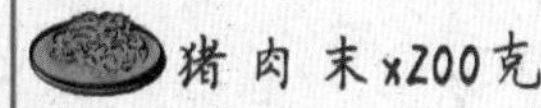

猪肉末x200克

盐x3克

料酒x5克

红薯淀粉x10克

沙茶酱适量

香芹段适量

红椒丝适量

暖烟浓汤迎玄冬

猪肚鸡

zhū dǔ jī

步骤

新鲜猪肚放入清水中，加入白醋、玉米淀粉，反复揉搓清洗，直到猪肚干净无异味。

白醋　玉米淀粉

2.水烧开后，加入适量料酒，将猪肚焯水3分钟，起锅用冷水洗净。

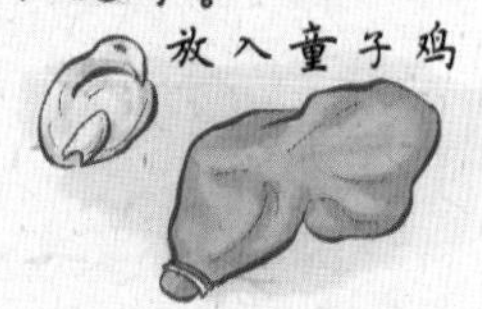

3.童子鸡清洗干净，塞入处理好的猪肚中，用棉绳绑紧收口。

4.白胡椒粒放入过滤袋中，用擀面杖碾碎。

5.起锅加入猪肚、白胡椒、当归、党参、黄芪、红枣、潮汕白果，加入适量清水，大火烧开后转小火煨煮1个小时。

切丝

取出童子鸡

6.起锅将猪肚破开，取出童子鸡，猪肚切条后继续加入锅中炖煮1个小时。

童子鸡块　枸杞　15分钟

7.1小时后将童子鸡切开，与枸杞一同加回锅中炖煮15分钟。

8.起锅加适量盐调味，即可享用。

用料

猪肚x1个

童子鸡x1只

海南白胡椒粒x50克

当归x5克

党参x5g克

黄芪x5克

红枣x6颗

潮汕白果x50g克

白醋适量

玉米淀粉适量

料酒适量

枸杞适量

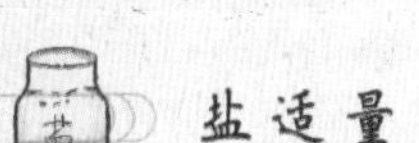
盐适量

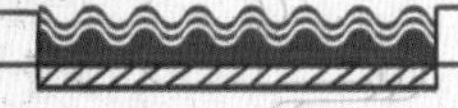

大雪

且将光阴熬作粥

老菜脯砂锅粥

lǎo cài fǔ shā guō zhōu

步骤

大米淘洗干净后，放入砂锅中，加适量水煮开。

切丁

2.老菜脯切成丁备用。

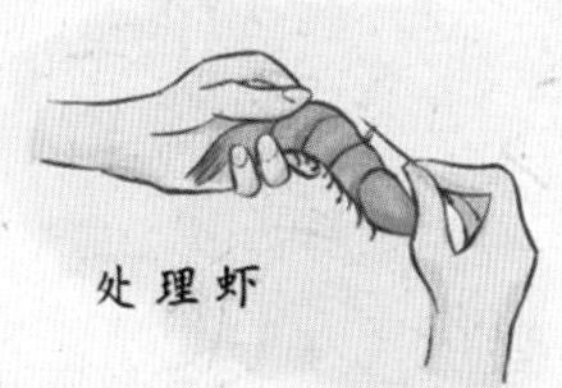

3.鲜虾去壳、去虾线，洗净备用。

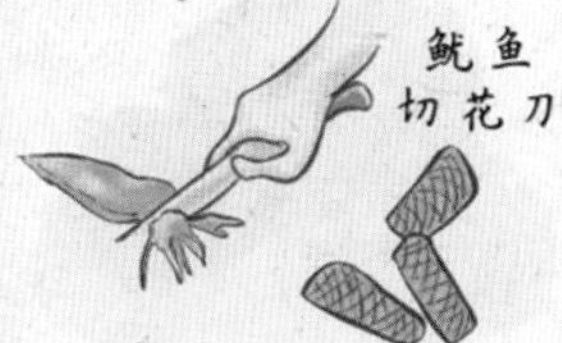

4.鲜鱿鱼洗净后切花刀备用。

5.砂锅中的粥煮开花时，依次加入老菜脯粒、肉末、鲜虾、鲜鱿。

芹菜粒　白胡椒粉

6.煮熟后撒上白胡椒粉与芹菜粒，即可起锅享用。

用料

20年潮汕老菜脯x1根

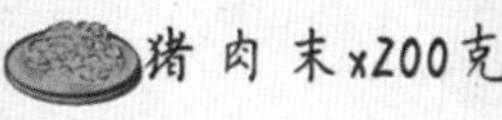

猪肉末x200克

大米x200克

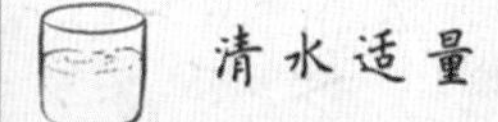

清水适量

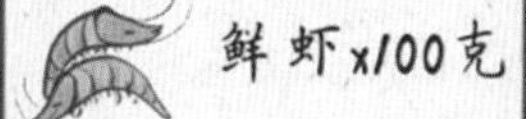

鲜虾x100克

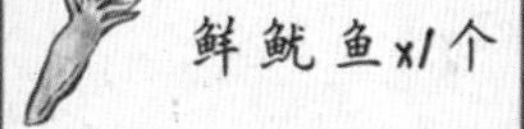

鲜鱿鱼x1个

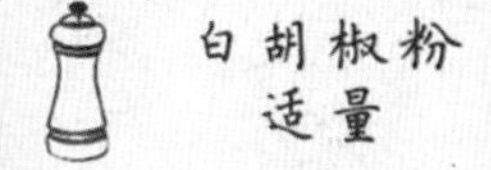

白胡椒粉适量

芹菜粒适量

冬
至
年味渐盛家味浓
冬至
潮汕冬至茧
cháo shàn dōng zhì jiǎn

步骤

1.干鱿鱼泡发、冬菇泡发。

2.起锅烧水，粿条焯水1分钟左右，起锅沥干水。

3.在粿条中加入木薯粉，揉成光滑面团，覆盖湿布保湿。

4.干鱿鱼、冬菇切丁，鲜虾去壳去虾线，包菜、青蒜、芹菜分别洗净切碎备用。

5.起锅热油，加入冬菇丁煸香，再依次加入猪肉末、虾仁、干鱿鱼、包菜、青蒜、芹菜，加入适量酱油、盐调味，翻炒均匀后起锅。

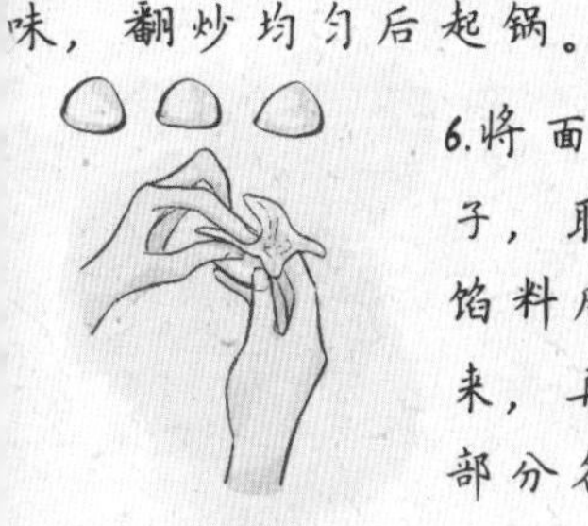

6.将面皮分成50克一个的小剂子，取一个捏成碗状，包入馅料后像包饺子一样包起来，再在两个角与包口中间部分各捏一个褶子。

7.蒸锅烧水，水开后上锅大火蒸10分钟左右，即可享用。

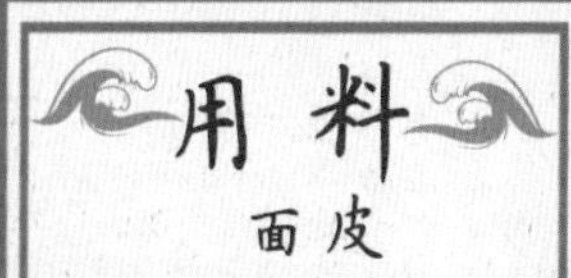

用料

面皮

粿条x500克

木薯粉x300克

玉米淀粉适量

内馅

猪肉末x250克

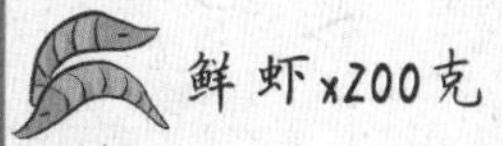

鲜虾x200克

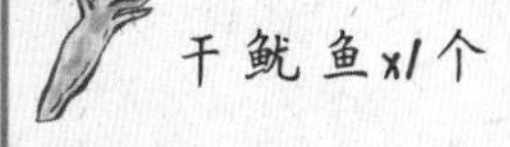

干鱿鱼x1个

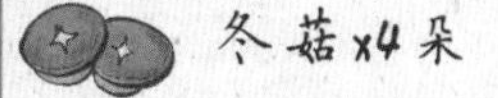

冬菇x4朵

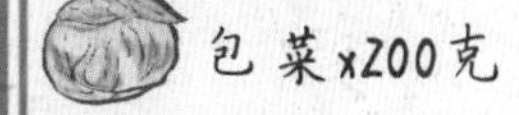

包菜x200克

青蒜x1根

香芹x3根

盐适量

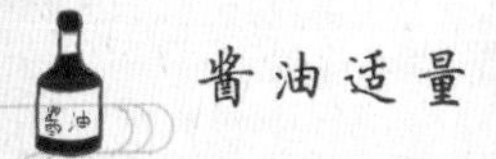

酱油适量

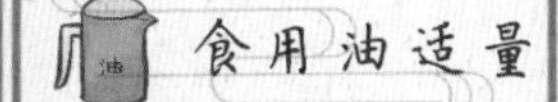

食用油适量

暖香几缕消冬寒

绵羊奶球

mián yáng nǎi qiú

步骤

将山羊乳、玉米淀粉、白砂
糖一起放入锅中搅拌均匀。

2.开小火一边煮一边搅拌，
直到抱团即可。

将煮好的奶团分成等份
、剂子，揉成小奶球。

4.在小奶球上撒上一层椰蓉。

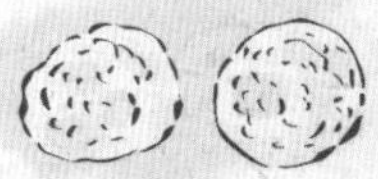

.白巧克力隔水融化后，将
糖珠装饰在羊头饼干上作为
眼睛，再画上一些小刘海。

6.画好的饼干用白巧克力粘
在小奶球上，一群可爱的小
绵羊就制成了。

用料

山羊乳
x250g克

玉米淀粉
x60克

白砂糖x20克

椰蓉x50克

羊头可可
饼干适量

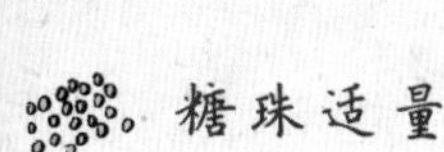

糖珠适量

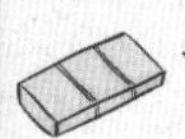

白巧克力
适量

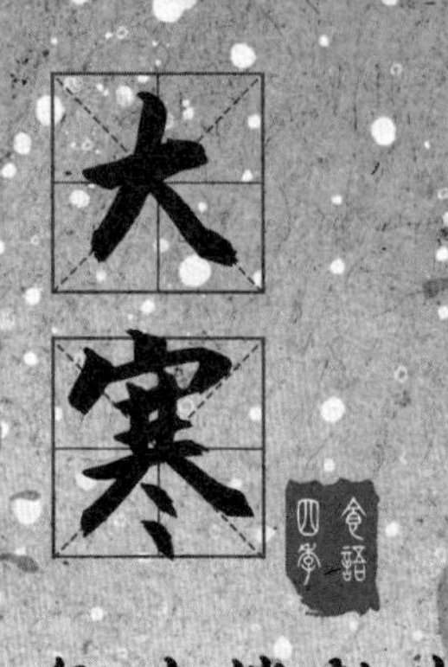

阵阵年味催新岁

反沙咸蛋黄
fǎn shā xián dàn huáng

潮汕红桃粿
cháo shàn hóng táo guǒ

卤狮头鹅
lǔ shī tóu é

反沙咸蛋黄

步骤

1.炸粉加适量清水、食用油调成糊状。

2.咸蛋黄放入面糊中，蘸满面糊。

3.锅中热油，放入裹好的咸蛋黄炸至两面金黄，起锅备用。

4.另起干净炒锅，加入白砂糖与100克清水，中火熬煮到起大泡后转小火，一边熬煮一边翻炒，直到糖浆变成密集的小泡。

将炸好的咸蛋黄、橘皮丁、
葱碎倒入糖浆中，关火后
断翻炒，直到糖浆冷却结
糖霜充分包裹在咸蛋黄
，即可装盘享用。

用料

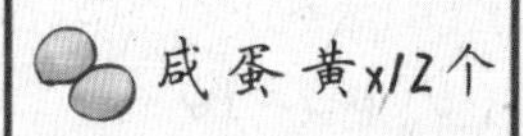

咸蛋黄x12个

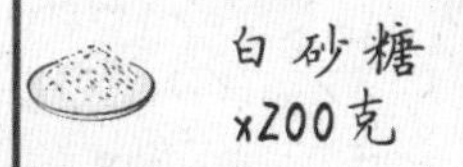

白砂糖x200克

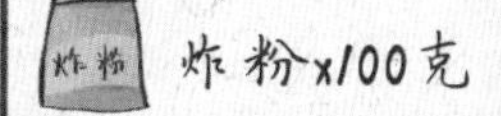

炸粉x100克

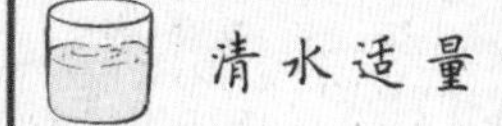

清水适量

橘皮丁适量

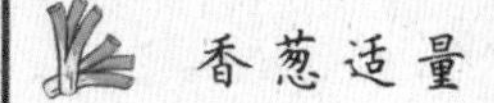

香葱适量

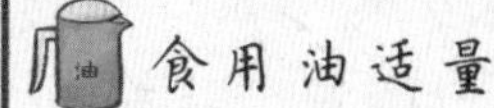

食用油适量

潮汕红桃粿

步骤

1.清水加入色素烧开，沸腾时慢慢加入粘米粉，用筷子划圈将粉煮熟。

色素

粘米粉

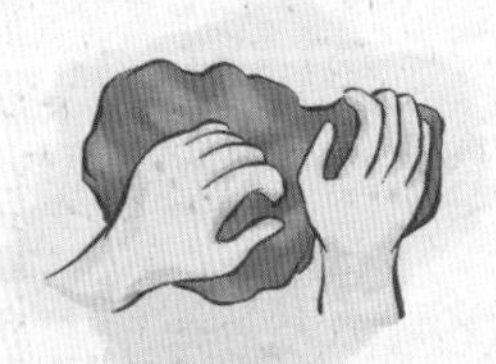

2.煮好的粉装在盆子里，晾至不烫手时少量多次加玉米淀粉揉至光滑，盖上湿布防止风干。

3.糯米煮成糯米饭，香菇用热水泡发后切成丁，花生、虾米洗净备用。

4.锅中热油，倒入香菇丁煸香，依次加入花生、虾米、糯米饭、五香粉、盐，翻炒均匀，此处可加入自己喜欢吃的其他配料。

5.粿皮分成50克一份，取一份加入馅料，包好收口。

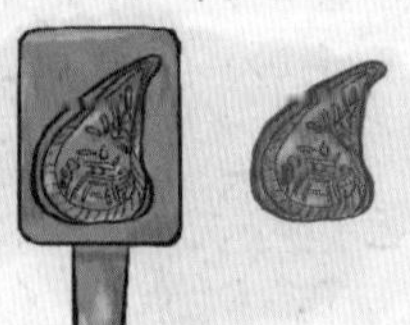

6.放入桃粿印中压出造型。

7.起锅烧水，水开后放入做好的红桃粿，大火蒸10分钟即可。

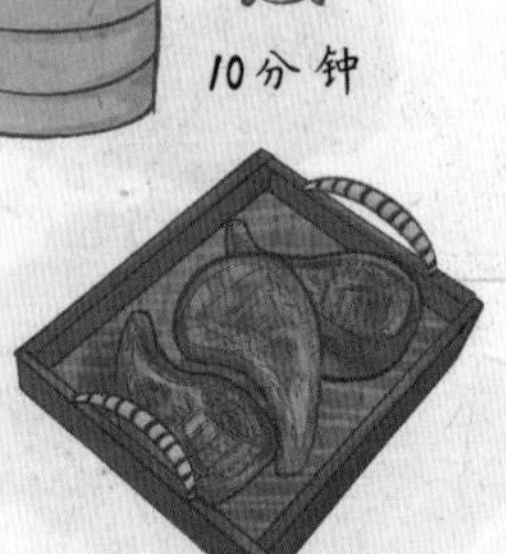

用料

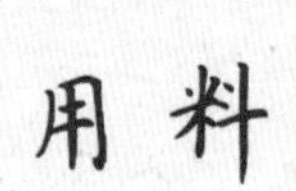

粿皮

粘米粉x500克

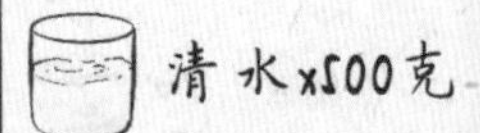
清水x500克

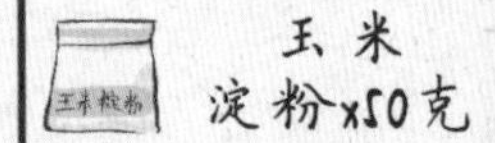
玉米淀粉x50克

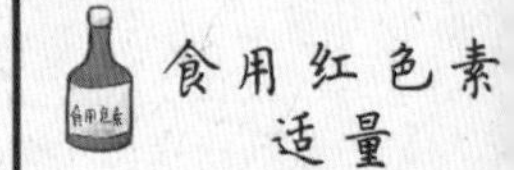
食用红色素适量

内馅

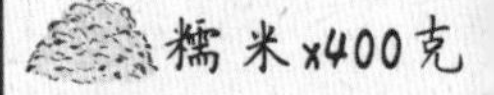
糯米x400克

香菇x80克

花生x100克

虾米x20克

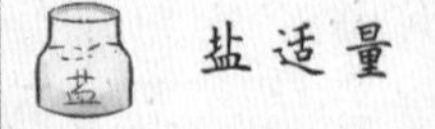
盐适量

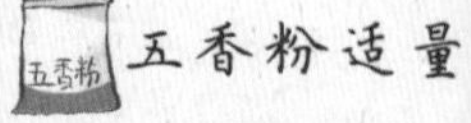
五香粉适量

工具

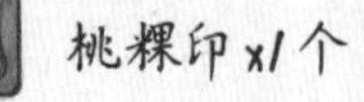
桃粿印x1个